青少年科学探索第一读物

全彩版

宇 翔◎编

JIEMI SHENGMING MIMA

解密生命密码

甘肃科学技术出版社

探索未知
发现未来

图书在版编目（CIP）数据

解密生命密码 / 宇翔编 . —兰州：甘肃科学技术

出版社，2013.4

（青少年科学探索第一读物）

ISBN 978-7-5424-1781-7

Ⅰ . ①解… Ⅱ . ①宇… Ⅲ . ①基因—青年读物②基因

—少年读物Ⅳ . ① Q343.1-49

中国版本图书馆 CIP 数据核字 (2013) 第 067295 号

责任编辑　张　荣（0931-8773023）

封面设计　晴晨工作室

出版发行　甘肃科学技术出版社（兰州市读者大道 568 号　0931-8773237）

印　　刷　北京中振源印务有限公司

开　　本　700mm×1000mm　1/16

印　　张　10

字　　数　153 千

版　　次　2014 年 10 月第 1 版　2014 年 10 月第 2 次印刷

印　　数　1～3000

书　　号　ISBN 978-7-5424-1781-7

定　　价　29.80 元

前 言

　　科学技术是人类文明的标志。每个时代都有自己的新科技，从火药的发明，到指南针的传播，从古代火药兵器的出现，到现代武器在战场上的大展神威，科技的发展使得人类社会飞速的向前发展。虽然随着时光流逝，过去的一些新科技已经略显陈旧，甚至在当代人看来，这些新科技已经变得很落伍，但是，它们在那个时代所做出的贡献也是不可磨灭的。

　　从古至今，人类社会发展和进步，一直都是伴随着科学技术的进步而向前发展的。现代科技的飞速发展，更是为社会生产力发展和人类的文明开辟了更加广阔的空间，科技的进步有力地推动了经济和社会的发展。事实证明，新科技的出现及其产业化发展已经成为当代社会发展的主要动力。阅读一些科普知识，可以拓宽视野、启迪心智、树立志向，对青少年健康成长起到积极向上的引导作用。青少年时期是最具可塑性的时期，让青少年朋友们在这一时期了解一些成长中必备的科学知识和原理是十分必要的，这关乎他们今后的健康成长。

　　科技无处不在，它渗透在生活中的每个领域，从衣食住行，到军事航天。现代科学技术的进步和普及，为人类提供了像广播、电视、电影、录像、网络等传播思想文化的新手段，使精神文明建设有了新的载体。同时，它对于丰富人们的精神生活，更新人们的思想观念，破除迷信等具有重要意义。

　　现代的新科技作为沟通现实与未来的使者，帮助人们不断拓展发展的空间，让人们走向更具活力的新世界。本丛书旨在：让青少年学生在成长中学科学、懂科学、用科学，激发青少年的求知欲，破解在成长中遇到的种种难题，让青少年尽早接触到一些必需的自然科学知识、经济知识、心

解密生命密码

理学知识等诸多方面。为他们提供人生导航、科学指点等，让他们在轻松阅读中叩开绚烂人生的大门，对于培养青少年的探索钻研精神必将有很大的帮助。

科技不仅为人类创造了巨大的物质财富，更为人类创造了丰厚的精神财富。科技的发展及其创造力，一定还能为人类文明做出更大的贡献。本书针对人类生活、社会发展、文明传承等各个方面有重要影响的科普知识进行了详细的介绍，读者可以通过本书对它们进行简单了解，并通过这些了解，进一步体会到人类不竭而伟大的智慧，并能让自己开启一扇创新和探索的大门，让自己的人生站得更高、走得更远。

本书融技术性、知识性和趣味性于一体，在对科学知识详细介绍的同时，我们还加入了有关它们的发展历程，希望通过对这些趣味知识的了解可以激发读者的学习兴趣和探索精神，从而也能让读者在全面、系统、及时、准确地了解世界的现状及未来发展的同时，让读者爱上科学。

为了使读者能有一个更直观、清晰的阅读体验，本书精选了大量的精美图片作为文字的补充，让读者能够得到一个愉快的阅读体验。本丛书是为广大科学爱好者精心打造的一份厚礼，也是为青少年提供的一套精美的新时代科普拓展读物，是青少年不可多得的一座科普知识馆！

目录 contents

目录

CONTENTS

Part 1
遗传基因的身世揭秘

19世纪中叶，孟德尔通过植物的杂交实验提出生物的每一个性状都是通过遗传因子（后称基因）来传递的。遗传因子在体细胞中成对存在，在减数分裂形成的配子中成单存在，配子结合（受精作用）后，遗传因子又恢复到成对状态。

19世纪末，科学家研究了生物生殖过程中细胞的有丝分裂、减数分裂和受精过程，了解到染色体的活动有一定的规律：体细胞（2N）；配子（N）；受精卵（2N）。

据此，有人设想：莫非遗传因子就是染色体，一条染色体就是一个遗传因子？这显然是不可能的，因为生物的性状很多，而染色体的数目有限。那么，一定是一个染色体上有许多个遗传因子（基因）。基于这样的认识，1903年，萨顿和鲍维里提出遗传因子存在于染色体上的假说。后来事实证明了这一点。

延续生命的神秘力量

地球（图1）——我们的家园，郁郁葱葱，生机盎然。她养育了我们人类以及所有的生命。现在我们知道，生命源于40亿年前，现在的每一个生命都是她的后代。

图1

绝大多数动物的寿命不到100年，很少超过200年。某些植物的寿命较长，例如北美洲发现了千年红杉，但其寿限同漫漫的生命长河相比仍然微不足道。生命个体无法摆脱死亡，但总有一些个体顺利培育出了下一代，继续着生命的传奇。

那么，是什么东西使生命的火种燃烧了数亿年而不熄灭？是什么力量使无数从微小到强大的生命物种延续着自己？自然界最神奇、最动人、最复杂而又最能说明生命现象的又是什么？

首先，让我们穿过神秘的时间隧道，看看远古的人们是怎样看待生命现象和遗传现象的。

当人类完成了从猿到人的转变时，不仅学会了制造工具、捕获猎物、开荒种田的生存本领，也学会了思考。当他们躺在暖洋洋的阳光下，观察眼前的大自然时，逐渐发现一个现象：大象、猴子、骆驼，还有人类，都能生产和自己相似的东西。这种将"老东西"身上的特征传到"小东西"身上的现象，大概是自然界存在的某种普遍现象吧！当时的人们可能会这样嘀咕着。

图2

　　可是，人们有时对某些现象又感到奇怪，"小东西"并不都像"老东西"。他们看到土壤里有蚯蚓（图2），以为蚯蚓是土壤的后代；看到盔甲里藏着跳蚤，以为跳蚤是盔甲的后代；对马是怎么怀孕的也不清楚，以为马被风吹后，肚子里就长出了小马驹。他们甚至连自己是怎么来的都不知道。女人生了孩子，也不知道孩子是怎么来的。

　　看到这里，你可能会捧腹大笑，笑古人无知。在远古时代，人类知识水平确实很低，他们不知道什么是生物，什么是非生物，因此更谈不上正确地解释生命传递现象了。

　　认识需要一个过程。人们在长期的观察和实践中，发现一件事与其他的事情同时发生，或者没有它就没有后续事件的存在，才慢慢明白两者之间是有关系的。

　　经过无数的观察和实践，人类终于认识到了遗传这种生命的特有现象。"龙生龙，凤生凤，老鼠的儿子会打洞"，这种后代在身体特征和生活方式等方面与其父辈之间相似的现象，就是遗传现象。微生物有遗传，植物有遗传，低等动物有遗传，高等动物也有遗传，遗传是存在于自然界的一种普遍现象。

无论哪种生物，低等的还是高等的，简单的还是复杂的，在亲代与子代之间不但传递着生命，还保持了最大限度的相似性。人的后代依然是人，豌豆（图3）的后代依然是豌豆；孩子的容貌像父母，开白花的豌豆依旧开白花。这种相似性的传递就叫做遗传。可以说，没有遗传就没有生命，就没有物种的延续。

图3

与遗传现象密切相关的是变异。父母与子女之间、兄弟姐妹之间在相貌等方面总有一些不同。例如，父亲是双眼皮，而女儿却是单眼皮。这种子代与亲代之间在外貌特征和生理状况等方面存在的差异，就是变异。变异在生命历程中也发挥着重要的作用。生命存在于地球的历史很漫长，各种能使生命体更好存活下来的变异一点点累积，生命世界才能够像现在这样丰富多彩。

遗传和变异都有一定的物质基础，而这种物质基础到底是什么呢？如果在100多年前，你向科学家提出这个问题，他们还不能给你一个满意的答案，而一个世纪后的今天，人们不但搞清了遗传和变异现象的幕后操纵者，而且可以在一定程度上操纵它了。

孟德尔的惊世大发现

大家都看过《侏罗纪公园》吧？这部在当时就轰动一时的美国科幻影片，描写了一位百万富翁得到了一个奇妙的琥珀（图4），里面包裹着吸了恐龙血的蚊子。他雇佣了一批科学家，从保存完好的蚊子身上提取了恐龙的血细胞，并把它移植到鳄鱼卵中，由此孕育出了活恐龙。于是出现了复活

图4

了的恐龙，那就是"侏罗纪公园"，于是有了富翁的小孙女在公园的历险⋯⋯

看完影片，人们不由得十分好奇，灭绝已久的恐龙能够复活吗？或者这仅仅是异想天开？或者科技发展到今天，让恐龙复活已经不是什么难题？当我们了解了基因的秘密，这一切都会水落石出的。

可是，我们的先人们为了寻找这些答案，却走了不少弯路，也付出了艰苦的努力。

人类开始认识基因仅仅是 100 多年前的事，透彻地了解基因则仅仅有几十年的历史，然而今天我们的生活却因此发生着重大的变化。

"基因"已经成了当代最热门的科学词语之一，无论熟悉还是不熟悉这一领域的人，都会津津乐道地谈论起这个话题。那么，让我们回顾一下基因以及整个遗传学一百多年来的历史。

说起来有趣，第一个从事基因研究的人只是一个默默无闻的修道士。他的名字叫做孟德尔。孟德尔生前在

图5

寂寞的修道院后院里，用了整整 8 年的时间，观察着豌豆的花（图 5）开花落，从这些人们司空见惯的自然现象中，发现了伟大的真理。

1822 年 7 月 22 日，孟德尔出生在奥地利的一个贫寒的农民家庭里，父亲和母亲都是园丁。孟德尔受到父母的熏陶，从小很喜爱植物。

1843 年，年方 21 岁的孟德尔进了修道院，以后曾在附近的高级中学任自然课教师，后来又到维也纳大学深造，受到相当系统和严格的科学教育和训练，为后来的科学实践打下了坚实的基础。

孟德尔是一位沉默寡言的人。宽阔的额头下，架着一副金丝边眼镜，经常抿着下唇，对人总是和蔼地微笑着，人们非常喜欢接近他。他经常躲在房间里读书，读的是一些有关数学和自然科学方面的著作。

孟德尔不在乎修道院的孤寂生活，年复一年，日复一日，过着刻板的日子。每天做完宗教的功课后，孟德尔就独自来到后院，种满了各种各样的植物的小花圃是他的乐园。他一有时间就沉醉在五颜六色的植物世界中。

孟德尔在花圃的花草和树木间开辟了一小块菜地，从 1856 年就开始了一项科学实验，专门研究如何获得优良品种。

在花圃的菜地上，他栽种了一些不同品种的豌豆。有的是高茎的，有的是矮茎的；有的开红色的花朵，有的开白花。此外，有的豌豆种子是圆粒，有的是皱粒；有的豆荚饱满，有的不饱满；未成熟的豆荚有的是绿色，有的则是黄色等等。他选择了 7 种不同性状的豌豆来进行观察。

之所以要选择豌豆作为观察对象，其中可是大有讲究的。因为豌豆是严格自花授粉的作物，而且是闭花援粉，所以能防止蝴蝶（图 6）和蜜蜂等虫媒帮助异花授粉所带来的干扰，保持纯洁性，不会形成杂交种。豌豆的不同性状，都有稳定的遗传特性。如开红花的豌豆，它的子孙后代也同样开红花；开白花的豌豆，后代也是开白花。

图6

在实验中，每次可以只观察一种性状的变化。比如，观察红花与白花这一对性状的遗传时，暂时不管什么高茎矮茎或者圆粒皱粒等其他的性状。在弄清楚一对性状遗传规律的基础上，再去研究两对或三对的遗传规律。

孟德尔设计了一个实验：在红花豌豆自花授粉还没有进行时，抢先一步人为地把花药切去，然后将白花豌豆的花粉涂在红花豌豆的柱头上，再用一个合适的袋子罩在花朵上，并扎紧袋口，这样既消除了白花授粉的可能，又能防止其他花粉进入。用类似的方法，孟德尔将具有各种相对性状的植株进行杂交，这样结出的种子为杂交种。

统计方法的应用，是孟德尔实验比较重要的一点。他在观察后代性状表现的同时，还统计各类个体的数目，得出它们之间的比例。此外，他还对父辈、子辈、孙辈等等以后的各代的性状，都记载下了它们的"家谱"，便于了解父代与子代之间的遗传规律。运用这样的实验方法需要极大的耐心和严谨的态度。他酷爱自己的研究工作，经常指着豌豆向前来参观的客人十分自豪地说："这些都是我的儿女！"

孟德尔对豌豆的观察，从不间断地进行了整整8年。他发现，开红花的豌豆与开白花的豌豆之间进行相互杂交，子辈开的全部是红花（图7），没有一株开白花。

图7

为了进一步找出这些成对性状之间的关系，孟德尔做了更为细致的实验，他再将开红花的子辈进行自交，在孙辈中，有 705 株开红花，224 株开白花，两者比例为 3:1。说明开白花的性状虽然在第一代没有表现出来，但是并没有消失，而是隐藏起来，在第二代豌豆中又表现出来了。

这些现象促使孟德尔思考。原来，开红花和开白花是一对相对性状，开红花是一种更"厉害"的性状，白花一碰到红花的性状，就"隐身"了，所以开红花的性状是"显性性状"，开白花的性状是"隐性性状"。在孙辈中，既表现出显性性状，也表现出隐性性状。他将这种现象称为"性状分离"。

图8

除了红花与白花一对不同的性状外，在其他性状中，如高茎与矮茎、圆粒与皱粒（图8）等 7 种不同的性状时，都出现了如开红花、白花一样的结果，而且孙辈间不同性状的比例，都为 3:1。

这样，孟德尔发现了生物体内存在的控制生物性状的东西，他称之为"遗传因子"（现在称为"基因"）。开红花的豌豆有开红花的因子，开白花的豌豆有开白花的因子。他还用其他实验方法，验证了自己的结论。

除了发现分离规律外，孟德尔还发现了其他一些规律，如自由组合规律，即豌豆不同对的性状，可以在下一代中自由组合。

起初，孟德尔豌豆实验并不是有意为探索遗传规律而进行的，只是在试验的过程中，他逐步把重点转向了探索遗传规律。孟德尔开始进行豌豆实验时，达尔文进化论刚刚问世。他仔细研读了达尔文的著作，从中吸收了丰富的营养。保存至今的孟德尔遗物之中，就有好几本达尔文的著作，上面还留着孟德尔的手批，足见他对达尔文及其著作的关注。

除了豌豆以外，孟德尔还对其他植物作了大量的类似研究，其中包括玉米、紫罗兰（图9）和紫茉莉等，以期证明他发现的遗传规律对于多数植物都是适用的。

图9

　　1865年，孟德尔在布吕恩自然科学研究协会的年会上，宣读了题为《植物杂交试验》的论文。但是他的研究远远超过了那个时代科学发展的水平，所以没有引起别人的注意。尽管论文发表了，而且还赠送给了欧美约120个图书馆，但这篇论文还是从许多科学家的眼皮之下逃过，谁也没有看出它的科学价值。直到孟德尔离开人世的1884年，他的论文仍无人问津。

　　孟德尔坚信自己发现的价值，他曾说过这样一句话："我的时代会到来的。"是的，是金子总会发光的。

　　1884年，孟德尔去世了。生前的孤独，并没有掩盖他身后的辉煌。

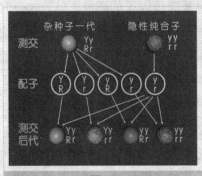

图10

直到他离开人间35年后，一些遗传学家分别得出与孟德尔相似的规律（图10）。他曾经被遗忘的名字，才被重新提起。

　　1900年，三位互不相识的异国科学家同时公布了自己多年来进行豌豆杂交实验的结果，他们分别公布的结果却是完全一致的，这真是科学史上

解密生命密码

一次最奇妙的巧合。这三位科学家分别是荷兰的德·弗里斯、德国的科伦斯和奥地利的切尔马克。

当这三位科学家在自己的国度里整理试验数据时，都抑制不住内心的激动，因为结果和数据太完美了，他们都以为自己首次发现了生物的遗传规律。当他们在图书馆里寻查有关资料时，三位科学家又不约而同的在布满尘埃的书架上看到了孟德尔的《植物杂交试验》论文。

当他们仔细地看完了这篇早已问世的论文后，发现自己只不过是对孟德尔的结论做了证实而已。这时，人们方知，孟德尔是一位超越时代的伟大科学家，孟德尔才是遗传学的真正奠基人。

发现染色体

20世纪初，人们重新发现孟德尔遗传规律后，打开了一个沉闷局面，遗传研究领域内掀起了研究基因的热潮。科学家们开始各显神通，进行各种各样的研究。有的顺着孟德尔思路继续着植物杂交实验，试图找到更多的、有规律性的东西；有的则试图寻找遗传因子的藏身之处。这一时期，人们有很多重要发现：比如孟德尔所说的遗传因子躲在哪里，就已经被发现了。

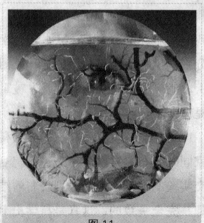

图11

孟德尔的学说与20世纪初就已经建立起来的细胞学说，攀上了亲家，依托细胞学的成就，生物学的研究出现了新的飞跃。这一切，都得从罗伯特·胡克说起。

在孟德尔发现遗传规律200年之前，英国医生罗伯特-胡克发现了细胞。

1665年胡克用自己设计、制造的显微镜观察软木薄片（图11）时，发现它是由许多极小的"房间"连接而成的。他把软木薄片上的"小房间"叫做"细胞"。这位医生在观察软木薄片和提出"细胞"这个词的时候，根本没有想到他的发现会把生物学家引导到生物组织的一个更基本的水平上。在这个水平上，所有的生物结构都可以归纳到一个共同的起源。

在这以后的150年中，生物学家逐渐明白了所有生物都是由细胞构成的，每个细胞都是一个独立的生命单位。有些生物只由一个细胞构成，较大的生物体则是由许多相互合作的细胞组成的。到了1838年和1839年，德国的施莱登和施旺分别指出"一切生物机体都是由细胞构成的"以后，对细胞的研究才掀起了高潮。

组成生物的基本单位是细胞，那么遗传因子如果存在，就应该存在于细胞中。

人们已经知道，体形大的生物体的细胞并不比体形小的生物体的细胞大，只不过大生物体的细胞数目比小生物体的多罢了。典型的植物细胞或者动物细胞的直径约5～40微米，而人的眼睛只能分辨出直径在100微米以上的东西，因此人的眼睛一般看不到细胞，它们只有在显微镜下才能被人们发现。

通过显微镜观察，人们发现，细胞内部有一个区域的物质比周围的物质要致密，好像被周围物质包裹的"核心"一样，于是就称之为"细胞核"（图12）。如果把一个单细胞生物人为地分成两半，使其中一半含有完整的细胞核，另一半不含核，那么有核的一半就能分裂、生长，另一半则不能。这样，人们就认识到，细胞核在细胞分裂中是非常重要的。

细胞可以通过"分身术"由一个变成两个，由两个变成四个。而细胞

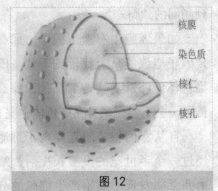

核膜
染色质
核仁
核孔

图12

第一章 遗传基因的身世揭秘

核在细胞分裂中是如何变化的呢？在很长一段时间内，这成了国际性的难题，因为细胞几乎是透明的，在显微镜下也看不清楚里边有什么。后来发现，有些染料能把细胞的某些部分染上色，而其他部分却染不上。这样情况开始好转了。例如，有一种从苏木中提取到的苏木精，就能使细胞核染成黑色，使它在整个细胞中变得十分清晰。

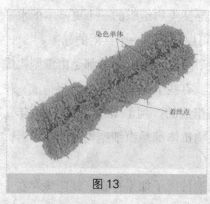

染色单体

着丝点

图13

细胞在快要分裂的时候，通过染色，可以在显微镜下观察到细胞核内短棒状的物质。这种物质可被碱性染料着色，被命名为染色体（图13）。后来的研究表明，这种物质只在特定的分裂时期出现，当它为浓缩的短棒状形态，即为染色体时，在显微镜下清晰可见；而在其他不太明显可见的时期，这部分物质像丝一般分布着，称为染色质。

细胞在进入分裂的时候，细胞核中被染色的物质本来是纤细如丝的，随着细胞分裂的发展，这种如丝的染色物质能逐渐变粗、变短，这种变粗、变短的染色物质就是染色体。实际上，染色质丝相当于一个又长又细的"钢丝"，而染色体就好比是这种"钢丝"缠绕和压缩成的"弹簧"。

有趣的是，在分裂期，细胞好像知道要分家了，染色体数目会增加1倍，然后均等地分配到两个细胞中去，相当于一家分一半，两个儿子细胞分到相同的"财产"。

如果细胞中有遗传因子，那么遗传因子应该能从上代传到下代。既然染色体能够从上代传到下代，那么遗传因子会不会就藏身在染色体中呢？

自从罗伯特·胡克发现了细胞，经过一个半世纪的漫漫长夜后，终于由弗莱明发现了细胞产生细胞的分裂

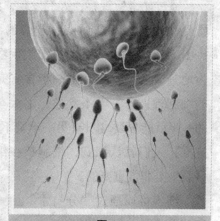

图14

过程。当1900年孟德尔的结论被重新发现后，细胞学家又激动起来了，他们提出："莫非染色体就是基因？"

1903年，美国科学家萨顿等人发现，体细胞的染色体总是成对存在的，而每一个生殖细胞（图14），无论是精细胞，还是卵细胞，只具有每一对染色体中的一个。根据这一发现，萨顿认为，染色体可能和遗传有关，遗传因子可能存在于染色体上。于是，他提出了染色体是遗传物质载体的假设。

可是遗传特征是多种多样的，而染色体的数目很少，如豌豆只有7对，人也只有23对，那么怎么解释不同的人有不同的长相、身材、性格呢？萨顿大胆猜测，每条染色体上一定带有多个遗传因子。

于是一种"染色体的遗传理论"由萨顿和德国的布维里两人同时提出。这是科学家们第一次把遗传因子与染色体联系在一起。这时，大名鼎鼎的美国遗传学家摩尔根重复了孟德尔的实验，并且以果蝇为实验对象，进行了大量的杂交实验，从而进一步证实并发展了孟德尔理论。

摩尔根的发现

只要稍加注意，就会很容易发现，在腐烂的苹果周围，经常有一些芝麻粒大小的像苍蝇形状的小虫飞来飞去，这就是果蝇（图15）。虽然，很少有人留心它们的存在，可是你知道吗，这些长着红眼睛或白眼睛的果蝇却和摩尔根的成就息息相关，使他成为基因实验研究事业的开创者。

图15

作为遗传学先驱的摩尔根是 20 世纪最著名的美国科学家之一。说来也巧，就在遗传学之父孟德尔发表其研究成果的第二年，也就是 1866 年，摩尔根出生了，这似乎预示着摩尔根将成为继孟德尔之后的又一位遗传学巨人。

和孟德尔不同的是，摩尔根出身名门，其父曾担任美国驻外领事，叔叔是美国联邦军的将军，母亲的祖父是美国国歌的作者。摩尔根从小喜欢在乡村和山区游玩，对五彩缤纷的大自然感到好奇。他经常自己制作动植物标本，还收集了不少化石。看来摩尔根生来就有与动植物打交道的天性，这或许也是他后来致力于该领域的研究并取得巨大成就的原因之一。

生物学 从双螺旋结构的发现到基因组生物学时代

在摩尔根（右图）的果蝇研究室中工作的斯特蒂文特发现了显示基因在染色体中位置的方法。另外，马勒发现了X光可引起基因的突变。马勒把黄色果蝇作为实验材料，利用细胞学方法证明了可观察到染色体上确实存在着基因。

图 16

1886 年，摩尔根（图 16）进入霍普金斯大学研究自然史并攻读博士学位。在导师布鲁克斯的指导下，摩尔根主要从事动物形态学方面的研究。布鲁克斯虽然是一位生物形态学教师，但他深知生物学内各分支学科之间的相互关系，并向摩尔根指出遗传学上还存在着大量有待研究的问题，这对摩尔根后来从事遗传学研究产生了重要影响。

1890 年，摩尔根以优异的成绩获得博士学位，并发表了论文《论海蜘蛛》。之后，摩尔根任布莱恩莫尔学院动物学教授，其间对他改革生物学研究方法，由传统的描述法转向实验法产生了深刻影响。1904 年，摩尔根开始担任哥伦比亚大学实验动物学教授，并利用休假时间到斯坦福大学研究遗传学和胚胎学。1928年，他应聘到加利福尼亚理工学院筹建生物系。在那里他建立了一个现代化的生物系，此后一直留在加州理工学院任教直至逝世。

摩尔根喜欢追求真理，最初他不太相信孟德尔的遗传理论，对染色体学说也持怀疑态度，认为缺少实验证据。当时他对孟德尔的假说是这样评价的："在流行的孟德尔理论解释中，性状一下子变为基因，一个因子解释不了的现象，就添上一个变为两个因子，再不够又添一个变为三个因子。这种对于简单模式的过分推崇是会失去获取正确理解的机会的。"他一直琢磨着自己动手设计一个实验，看看生物遗传与染色体到底有什么关系，基因又是怎么回事。用什么生物作研究材料呢？这是个关键问题。材料选对了，就等于实验成功了一半。腐烂水果周围嗡嗡飞舞的果蝇吸引了他的注意力。

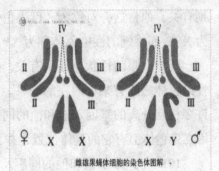

雌雄果蝇体细胞的染色体图解
图 17

摩尔根为什么选择果蝇作为实验材料呢？因为果蝇个体小，比较容易在实验室内培养；繁殖速度快，在短时间内就可以得到许多后代（果蝇从出生到性成熟只需10天时间，一年可繁殖30代）；果蝇的体细胞的细胞核中只有8条染色体（图17），数目少，这使得果蝇的遗传特征易于观察，是研究遗传规律的理想材料。

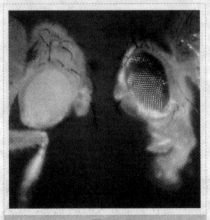

图 18

1910年4月的一天，摩尔根在培养瓶中，发现了一只罕见的白眼睛雄性果蝇（图18）。一般果蝇的眼睛是红色的，这只白眼果蝇引起了摩尔根的好奇。他立即决定，用这只白眼雄性果蝇与另外一只没有交配过的红眼雌果蝇进行交配，结果子代的果蝇都是红眼睛。

但是，将第二代红眼果蝇相互间进行交配，孵育出的第三代果蝇，有的是红眼睛，有的是白眼睛。奇怪的是，第三代白眼睛果蝇全是雄性，红眼睛的果蝇中则既有雄性，也有雌性。

摩尔根将第三代白眼睛雄性果蝇与红眼雌性果蝇交配，结果第四代果蝇白眼与红眼的比例各占一半，而且无论是红眼或白眼果蝇，雄性与雌性各占一半。

这些现象给摩尔根极大的启示。看来，红眼睛或白眼睛这种遗传性状，与性别有密切关系。他认为，果蝇细胞核内的 4 对染色体中，有一对与性别有关，他将这一对称为"性染色体"。雌蝇的性染色体是两条棒状的称为 XX；而雄蝇的性染色体称为 XY，其中只有一条是棒状的。

既然白眼睛性状与性别有关，那么控制白眼睛性状的基因，一定与 X 性染色体之间有某种内在的联系。由此，摩尔根相信，X 染色体上携带着许多相互分离的基因。他和他的同事们还认为，基因呈直线排列，每个基因在染色体上有它的具体位置，并且可以绘出一张基因图。

1915 年，摩尔根和他的同事及学生们出版了一部划时代的著作《孟德尔式遗传学机制》。1927 ～ 1931 年，他担任了美国科学院的主席。由于他发现了果蝇的遗传机制，1933 年荣获诺贝尔生理学和医学奖。

有谁能想到，小小的果蝇竟然具有如此重要的科研价值。

核酸的发现

孟德尔和摩尔根的工作使人们对生物的遗传有了初步的认识，但人们还是没有搞清基因到底是什么。染色体的发现和它在细胞分裂时的表现，使人们相信染色体就是遗传因子的载体，那么染色体的化学组成又是什么呢？

后来人们发现，染色体中的遗传物质是一种叫做"核酸"的东西。核酸发现于细胞核内，它具有较强的酸性，故而得名。

核酸（图19）的发现与观察脓液是分不开的。发现核酸的是瑞士青年米舍尔。这位青年在他的叔叔、当时颇负盛名的医生落斯的熏陶下，早就立志要从化学基础上解决组织发育的根本问题。为此，米舍尔孤身一人远

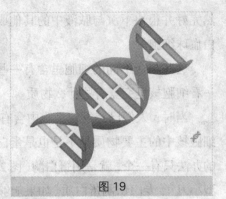

图 19

离家乡到德国杜宾根大学拜师学艺，师从生物化学家塞勒，专攻细胞的化学组成成分。要进行这项研究，米歇尔必须拥有相当数量的细胞作为实验材料。他知道，外伤病人的脓血实际上包含着为保卫人体而"英勇牺牲"的白细胞的尸体。为了少花钱多办事，他到附近外科诊所的垃圾堆里，捡来满是脓液的绷带。绷带上面粘满污血和脓液，发出一股股又腥又臭的气味。人们只要经过这里，都要用手掩着鼻子，匆匆而过。捡来绷带后，米舍尔用盐水洗下脓液，此时脓液中的细胞集结成团并膨胀成明胶状，细胞的完整性被破坏了。而用硫酸钠稀溶液冲洗绷带，得到的脓液中，细胞依

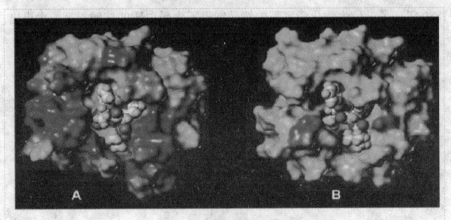

图 20

解密生命密码

然完好并很快下沉与脓液中的其他成分分开。就这样，米舍尔得到了很多白血球细胞。

这些与众不同的细胞里含有一些什么物质呢？他先把细胞核分离，看一看细胞核里究竟有些什么物质。

当时，人们已经发现细胞中含有许多蛋白质。所以，米舍尔首先考虑，细胞核中的主要物质是不是也是蛋白质呢？要证明某类物质是否是蛋白质的办法只有一个，就是用蛋白酶（图20）去分解。蛋白酶像一把把切肉的"微型小刀"，专门切割蛋白质。如果能够被蛋白酶分解，那一定就是蛋白质了。

米舍尔将蛋白酶加入到提取的细胞核物质中，等待细胞物质的消失。结果发现，这些蛋白酶对细胞核物质束手无策。这说明，细胞核里主要成分不是蛋白质。

进一步研究发现，细胞核里充满了磷和氮的复合物。这种物质引起了米歇尔的兴趣，因为这种物质从未有过报道。他断定这一定是一种尚未被人们发现的新物质，所以他格外重视。他的导师也自己亲手做实验，证明米舍尔确实发现了新物质。由于这种物质来自于细胞核，人们就暂称它为"核质"。

后来证明，米舍尔发现的实际上是由核酸和蛋白质组成的核蛋白。1889年，另一位生物化学家阿尔特曼制得不含蛋白质的核酸，第一次提出"核酸"这个名称。

格里菲斯之谜

核酸分为两种。主要存在于细胞核内的，称为脱氧核糖核酸（图21），简称DNA；另外一种主要存在于细胞核外，化学结构略有不同，称为核糖核酸，简称RNA。由于DNA存在于细胞核中，人们当然把目光主要集中于 DNA 上。它们很可能与遗传基因有关。

但是，生命的性状和各种现象是如此的丰富多彩和千变万化，相对而言，核酸的成分只有 4 种，结构也比较简单，与其说它可能是遗传物质，还不如说结构复杂得多的蛋白质，才更可能控制复杂的生长发育以及决定生命的各种现象，DNA 的作用，到了 20 世纪中叶，人们才开始重新加以注意。

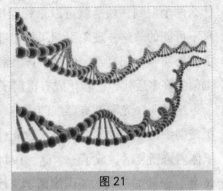

图 21

我们先来看看一个非常有趣的细菌实验。一些已经死去的毒力很强的细菌，与一些仍然活着的无毒细菌放在一起进行培养，结果，无毒菌的后代却变成了有毒的细菌。这是为什么呢？在微生物学上，它一度被称为"格里菲斯之谜"。

格里菲斯是一个经常与细菌和小白鼠打交道的美国生物学家。小白鼠（图 22）是生物实验中常用的实验动物。虽然它也是一种老鼠，但是红红的小眼睛和雪白的皮毛，非常让人喜爱。

图 22

格里菲斯经常将一些细菌注射到小白鼠的体内，看小白鼠有什么反应，以便对细菌的性质做出分析和判断。

肺炎球菌，顾名思义，是能够引起肺炎的细菌。科学家们发现，自然界中存在有两种肺炎球菌。在显微镜下可以分辨出，一种菌落光滑，一种菌落粗糙。别小看这种微不足道的差别，它们的性质差别可不小。光滑的毒性很强，可以使小白鼠生病死亡；粗糙的没有毒性，不会使小白鼠生病。

格里菲斯用高温将有毒性的光滑菌杀死后，注射到老鼠体内，结果老鼠平安无事。可是，当他把被杀死的光滑菌与活的粗糙菌混在一起，再注射到老鼠体内时，奇怪的事情发生了：可怜的老鼠死了。

单独注射已被杀死的有毒菌或活的无毒菌，都对老鼠没什么危害，为什么两个混到一块后就可以杀死老鼠呢？难道死菌又复活了吗？死菌复活是不可能的。这一现象引起了格里菲斯的高度重视。格里菲斯又进一步做了体外实验，把有毒菌的"尸体"和无毒菌放在一起培养，结果发现，无毒菌的许多后代，已转化成有毒菌了！

这说明，光滑型有毒细菌中有一种物质可以进入粗糙型细菌，从而使粗糙型细菌发生变异，获得了致病性。但到底是什么物质呢？死菌在小白鼠体内重新复活，成了一个谜。1944年，也就是"格里菲斯之谜"产生后16年，原籍加拿大的美国细菌学家埃弗里重复了格里菲斯的试验，他决心

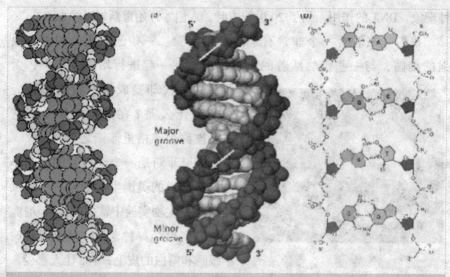

图23

搞清楚无毒菌转化成有毒菌的物质到底是什么，并设计了新的实验，从而彻底解开了"死菌复活的秘密"。他将光滑型（图23）细菌的各成分加以分离，分别提取出核酸、蛋白质及多糖物质，再分别和粗糙型细菌混合一起培养，然后分别给小白鼠进行注射。结果发现蛋白质不能使无毒菌转化成有毒菌，多糖物质也没这个本事，只有核酸例外，它能使一部分无毒菌变成有毒性的菌，导致小白鼠死亡。

核酸竟然能使无毒细菌的遗传性质发生改变，这不正说明了核酸就是遗传物质吗？

可见，有毒菌虽然经过加热被杀死，但核酸分子还存在，它"偷梁换柱"，

图24

与一些无毒菌的核酸连在了一起，当这些无毒菌再繁殖的时候，稀里糊涂地变成了有毒菌。你说神奇不神奇？

另外还有一个重要的实验叫做噬菌体感染实验。噬菌体又称嗜菌体（图24），听名字就知道它酷爱细菌，实际是一种专爱和细菌"捣乱"的病毒，又被称作细菌病毒。噬菌体只有在电子显微镜下才能看到，形状像化学实验室里的滴管，呈多角形，下面细长。能侵入细菌的细胞内，并在其中大量生长繁殖，引起细胞破裂死亡。噬菌体的成分很简单，由蛋白质外壳和内部的DNA组成。但是进入细胞起作用的是DNA还是蛋白质呢？美国生物学家赫尔希和蔡斯通过巧妙的实验搞清了这个问题。当噬菌体侵入细菌时，并不是整个身体都钻进细菌中去，而是把"滴管"的"尖端"扎在细菌上，把其中的核酸注射到细菌中，而其蛋白质外衣则留在细菌之外。进入细菌的核酸在细菌体内繁殖，形成许多相同的噬菌体核酸和蛋白质外衣，再组装成新的噬菌体。新噬菌体复制的数目越来越多，最终把细菌胀破致死。在整个过程中，噬菌体的蛋白质并没有参与，但新的噬菌体却被复制出来。正是核酸的作用使它的全部特征被遗传下来。噬菌体试验进一步证明了DNA就是遗传物质。

图 25

如果说以上这两个实验只是证明了核酸是遗传物质的话，那么烟草花叶病毒实验不仅证明了核酸是遗传物质，而且证明了蛋白质不是遗传物质。用化学方法把这种烟草花叶病毒的核酸和蛋白质分开，然后把它们分别喷洒在烟草叶子上，结果喷洒病毒蛋白质的烟草不得病，而喷洒病毒核酸的烟草却感染了花叶病（图25）。而且从得病的烟草上还提取到了由蛋白质外膜包裹着核酸的完整的烟草花叶病毒，其结构与原来的完全相同。这说明，是核酸，而不是蛋白质参与了遗传复制过程。确凿的证据说明了 DNA 就是携带遗传信息的物质。这样一来，核酸的身价大增，引来许多科学家探求的目光。于是一场研究核酸的热潮开始了。

揭开 DNA 的神秘面纱

生物的性状为什么能稳定地代代相传？DNA 是如何管理着数量巨大的生物性状？这一系列问题，直到 20 世纪 50 年代初仍然是个谜。看来，不彻底揭开 DNA 结构之谜，生物的遗传问题就仍然是迷雾重重。于是，一场由生物学家、物理学家等参与的协作攻关战打响了。

最终的胜利者包括年轻的沃森和克里克，但像威尔金斯、富兰克林等杰出科学家的出色工作我们也不应忘记。

到了 20 世纪 50 年代初，关于核酸的研究有两个突破性的进展，对人们认识核酸分子结构起了关键作用。

一个是奥地利生物化学家查伽夫通过精密测定，发现核酸的碱基（图

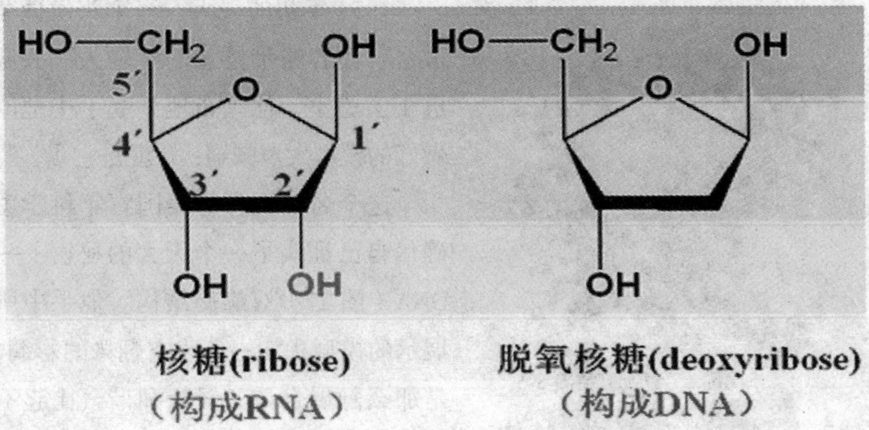
HO—CH2
OH
5′
O
4′
1′
3′
2′
OH
OH
HO—CH2
OH
O
OH
核糖(ribose)
（构成RNA）
脱氧核糖(deoxyribose)
（构成DNA）

图 26

26）之间存在奇妙的定量关系。任何生物细胞中，碱基 A 和 T 数目相等，C 和 G 数目也相等；同一种生物中，无论年老年幼，何种器官，它们的核酸碱基比例都相同，即 A+T/C+G 永远是恒定的。这种数字关系说明了什么？当时查伽夫并没有搞清楚，众多的生物学家也没有解开这个谜团。

看来，仅仅靠生物学和化学分析的方法是不能看到 DNA 的真面目的。幸好，从 20 世纪 40 年代开始，一大批优秀的物理学家加入了寻找 DNA 真面目的队伍。他们之中的优秀代表包括富兰克林、威尔金斯等等，为发现 DNA 结构作出了重要的贡献。

在这里，我们要特别提到英国著名的女科学家富兰克林。这位剑桥大学毕业的高材生，研究范围相当广泛，30 岁的时候就已经是一位很有名气的物理化学家、结晶学专家和 X 射线研究方面的专家了。富兰克林等首先将 DNA 分子进行结晶处理，然后利用一种特殊的物理手段，即 X 射线衍射技术，看到了 DNA 分子的大致模样。他们推测 DNA 大分子是多股链、螺旋形，在其内部，碱基的排列是有一定规律的。

其实，富兰克林此时离揭开 DNA 结构之谜只差一步之遥了。

正是富兰克林和威尔金斯的 X 射线衍射结果，帮助沃森和克里克最终完成了 20 世纪最重要的发现之一——DNA 双螺旋结构。

图27

1953年初的一天，一个头发微微散乱、面容略带倦意的年轻人一头闯进了实验室，他兴奋地举起手中他刚做好的模型大声喊道："就是它了。"

这个名叫沃森的美国青年科学家确信自己证实了一个天大的秘密——DNA（图27）双螺旋结构。他手中所展示的模型犹如一条凌空翻舞的彩绸，是那么舒展自如、轻松和谐，比起不久前他和英国同伴克里克制得的模型完美多了。

沃森和克里克得到这个合理的、完美的DNA模型喜不自禁，立即着手写成一篇论文发表在1953年英国的《自然》杂志上。这两位年轻、富有开拓精神的科学家经过艰苦的努力，终于在众多的竞争者中捷足先登，揭开了DNA结构之谜，从而完成了20世纪最重要的发现之一。

按照沃森和克里克的假设，DNA大分子是由两条长长的链组成的，这两条链呈双螺旋结构存在，就像一座两边有扶手、绕着同一假想的竖轴上升的楼梯。磷酸和核糖构成了楼梯的扶手，扶手之间的阶梯由一对对"手拉手"的碱基（图28）组成，碱基一共有4种，代号分别为A、G、C、T。碱基之间的搭配是固定的，A和T配对，C和G配对。这种碱基配对非常专一，但不是死死地缠在一起，而是轻轻地靠氢键连接，也就是我们前面说的"手拉手"。在必要的时候，它

图28

们会松开拉着的"手"，重新去选择新朋友，但原则不变，仍然是 A 和 T 配对，C 和 G 配对。

DNA 双螺旋结构模型的提出，震动了生物学界的科学家们。它既和当时其他科学家得到的有关 DNA 的研究资料一致，又能解释生物稳定遗传的现象。1962 年，沃森、克里克和威尔金斯因此共获诺贝尔生理学或医学奖，而富兰克林却因过早离开人世以及其他一些原因，未能享受这一殊荣。

遗传稳定性的奥秘

"种瓜得瓜，种豆得豆"、"猫生猫，狗生狗"，这些我们熟悉的遗传现象，说明生物在遗传上是很稳定的。那么，到底是什么赋予了生物体的遗传稳定性？DNA 结构之谜已被破解，现在我们已经可以打开这个神秘之窗，看个究竟了。

构成生物体的基本单位是细胞，每一种生物都是由或大或小的细胞群按一定结构组成的，而这些细胞最初

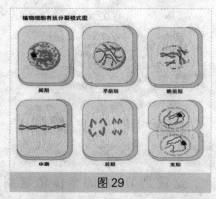

图 29

又都是由一个细胞，即父母精卵细胞结合后的受精卵细胞繁衍来的。反过来讲，这个细胞的分裂和分化，最终导致生物体的形成。细胞分裂（图 29）必然涉及细胞内物质的重新分配，要想使物种不变，在上一代细胞的遗传物质分配给子一代细胞的过程中，第一，必须保证"财产"不会越分越少；第二，必须平均分配"财产"。一般"不值钱"的财产多点少点问题还不算大，遗传物质的分配绝对不能含糊！

因为遗传物质是决定性状的，而性状又是每种生物体特有的，假设遗传物质在传递过程中出错，可能会出现下面描述的情况：从一窝兔子中出来的小兔，有的一毛不长，有的毛长得拖地；有的没耳朵，有的耳朵长达1米。这样它们就没有一般兔子的特性，也就不称之为兔子了。

如何使代表遗传物质的DNA能绝对平均地分配到子代细胞中，这是至关重要的问题。而DNA双螺旋结构正好可以保证万无一失。

由于双螺旋的两条双链之间严格遵循碱基配对原则，它们是互补关系，A必与T配对，C必与G配对。一条链的碱基顺序固定了，另一条链的碱基顺序也就固定了。两条链之间的互补关系，使它们都能作为"模板"复制相同的样品。这样一来，就使DNA的严格复制成为可能，使生物的稳定遗传有了物质基础。

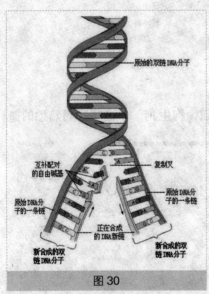

图30

DNA在复制时，两条链逐渐解开，然后以自身为模板，按照A–T、C–G的配对原则，复制出一条新的互补链。这样，每一条旧链与新链共同组成一个新的具有双螺旋结构的DNA大分子，于是就有了DNA分子的两个一模一样的复制品。在生物繁殖后代的过程中，伴随着细胞分裂，DNA大分子不断进行复制，从而把全套的遗传物质传给下一代，保证了生物遗传的稳定性。

这就是DNA的半保留复制（图30）。

DNA双螺旋结构模型，能很好地解释生物的遗传现象，被生物学家们公认为是20世纪最重要的发现之一。现代研究证明，沃森和克里克50年代初设想的DNA双螺旋结构模型，是与实际相符合的。这个结构模型的提出，不仅为人类了解生物的遗传本质奠定了坚实的理论基础，而且由此产生了新的学科——分子生物学，使古老的生命科学返老还童，焕发出新的活力，使遗传工程等学科得以建立并迅猛发展。

氨基酸的发现 ▶

生物的性状是千变万化的，科学家们经过仔细分析发现，几乎所有的性状都与蛋白质有关。蛋白质有很多种，首先，它是我们身体的建筑材料。蛋白质占到人体干重的45%，肌肉、皮肤、内脏，甚至毛发都由蛋白质构成。这些蛋白质有的柔软，有的坚韧，有的还可以运动，可以说是变化多端。

还有一类重要的蛋白质叫做酶（图31）。它能使细胞中的化学反应很快地进行，使生物体正常生长、发育。有时，缺少一种酶，就会导致生物体某一种性状发生改变，比如黑尿病。此外，参与生长调节的激素，参与免疫反应的一些大分子，主要也都是蛋

图31

白质。没有蛋白质就没有生命。

我们可以将蛋白质比喻为生命舞台上的前台演员，而DNA就是后台的总导演。导演和演员间肯定关系密切。事实上，蛋白质的一级结构即氨基酸排列顺序，就是由核酸的碱基顺序决定的。

无论哪一种蛋白质分子，都是由20种氨基酸排列组成的。只是不同的蛋白质分子，氨基酸（图32）的排列

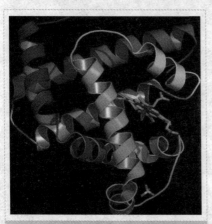

图32

顺序不同。而核酸只由 4 种碱基组成，核酸的不同是由碱基顺序的不同造成的。那么，核酸碱基排列顺序的信息，一定通过某种方式，传递给了蛋白质，使蛋白质的氨基酸严格按顺序排列。核酸的碱基顺序和蛋白质的氨基酸顺序之间到底存在什么关系呢？

科学家们推算，如果 1 个碱基决定 1 个氨基酸，4 种碱基只能决定 4 种氨基酸，这显然不能满足蛋白质的需要；如果 2 个碱基决定 1 个氨基酸，两两随机组合，只有 16 种组合，也就是说只能决定 16 种氨基酸，也满足不了蛋白质的需要。如果 3 个碱基决定 1 个氨基酸，三三随机组合，将有 64 种可能。好了，这下对于构成蛋白质的 20 种氨基酸来说是绰绰有余了。

真实情况怎么样呢？科学家们经过研究发现，确实是 3 个碱基作为 1 个密码子决定 1 种氨基酸，叫做三联体密码。几乎所有生物体内都有 64 种三联体密码。

你可能要问，除了由 20 种碱基组合来决定构成蛋白质的 20 种氨基酸外，剩余的 44 种碱基组合怎么解释呢？它们的情况比较复杂。有的可以互做替身，几种碱基组合共同决定一种氨基酸；有的发布蛋白质合成起始信号，用来决定蛋白质合成的起点；有的发布蛋白质合成终止信号，告诉蛋白质长度已经够了，别再往上面加氨基酸了。

把所有的遗传密码列成一个表，叫遗传密码字典。从遗传密码字典上，我们可以查出遗传密码所决定的氨基酸。

RNA 的无私奉献

遗传密码储存于 DNA 中，要将 DNA 上的遗传信息传给蛋白质，还需要一个"密码译员"充当"印刷"蛋白质的直接"翻译模板"。

别看 DNA 与蛋白质的关系密不可分，可它们在生物细胞（图 33）中却各有自己的"居所"。DNA 主要存在于细胞核中，而蛋白质的合成地点却在细胞质中。像 DNA 这样的大分子是无法随意进入细胞质中的，它肩负的使命如此重要，要是随意走动，丢失了遗传信息可不得了。

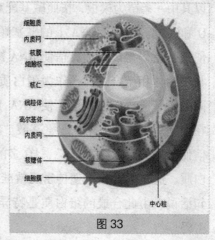

细胞质
内质网
核膜
细胞核
核仁
线粒体
高尔基体
内质网
核糖体
细胞膜
中心粒

图 33

科学家们推测，一定有一些传递信息的使者，从 DNA 那里拷贝了一份遗传信息，并把它带入细胞质中，翻译成蛋白质。

经过研究，科学家们发现，这个使者不是别人，正是生物体内的另一类核酸分子——信使 RNA，简写成 mRNA。信使 RNA 的个头比 DNA 分子小多了，它们可以把 DNA 的遗传信息经过"转换"，储藏在自己的碱基顺序中，然后经过细胞核膜这道"篱笆墙"，从细胞核内进入到细胞质中，在那里作为合成蛋白质的模板，实现对 DNA 遗传信息的翻译。

所以，我们看到的密码字典显示的是信使 RNA 从 DNA 上拷贝的一套遗传信息，由于 RNA 上的碱基是由 U 代替了 DNA 上的 T，我们当然会发现 T 不见了，而 U 出现了。

参加翻译工作的还有另外两种 RNA：一种是转运 RNA，简写成 tRNA，它的功能是作为能识别信使 RNA 信号的氨基酸的"专车"，及时将特定的氨基酸运到信使 RNA 那里，源源不断地供应蛋白质合成的原料。还有一种就是核糖体 RNA，简写成 rRNA，它的功能是作为蛋白质合成的场所。这 3 种 RNA 分工合作，有条不紊地完成整个翻译工作（图 34）。

当细胞制造蛋白质时，细胞核里的双螺旋 DNA 解开，成为两条单链，

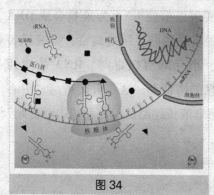

tRNA
核膜
核孔
DNA
氨基酸
蛋白质
mRNA
细胞核
核糖体

图 34

以其中一条链为模板，按照碱基配对的原则合成信使RNA，即G和C配，U和A配。这样，DNA上的碱基顺序被记录在信使RNA的碱基顺序中，使遗传密码得以传递。信使RNA被派往蛋白质的合成地——细胞质中，与核糖体相结合，自己作为蛋白质合成的直接模板。转运RNA能识别不同的氨基酸，还能识别信使RNA上的遗传密码，充当"译员"的角色，在细胞里穿梭，把相应的氨基酸"领到"核糖体那里，使不同的氨基酸在信使RNA上"对号入座"。众多的氨基酸手拉手连在一起，就是一个蛋白质。这样，DNA的遗传密码就准确地反映在蛋白质的氨基酸顺序中。换句话说，由此合成的蛋白质是特异的，它上面"印着"模板RNA的遗传密码。

RNA合成蛋白质的速度十分惊人，每分钟可连接起1000多个氨基酸。

在DNA的指导下，由4种核苷酸连接成RNA长链，把DNA的遗传信息"转换"到信使RNA上，这个过程叫做"转录"。由信使RNA作模板合成蛋白质的过程叫"翻译"。

遗传信息由DNA流向信使RNA，再由信使RNA流向蛋白质，同时DNA还可以进行自我复制，从而将遗传信息传递给新生成的细胞。这就是生物学中非常重要的"中心法则"。几乎所有的生物都遵循这个重要的法则。

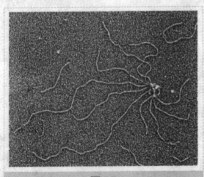

图35

随着研究的深入，科学家们发现，以上讲的遗传信息的传递路线，并不是唯一的。人们在病毒里发现了逆转录酶（图35），在它的帮助下，可以实现以信使RNA为模板合成DNA的逆转录路线。某些病毒，如流感病毒、小儿麻痹病毒等，RNA是遗传信息的携带者。这些看起来与"中心法则"相矛盾，实际上是完善了遗传信息的传递路线，是对"中心法则"的重要补充。

XY 染色体

DNA 被确定为遗传物质后，染色体的身份终于真相大白了，其实染色体的主要成分就是 DNA。一个染色体就是由一个长长的 DNA 分子浓缩而成的，上面存放着很多基因。

人的一个细胞（图 36）直径才几十微米，可它所含的 DNA 总长近 2 米，真是让人吓一跳。一个只有在显微镜下才能看到的小小细胞，怎么能装得下这么长的东西呢？

原来，DNA 分子是很细的线性分子，直径只有 1.2×10^{-9} 米。它们在细

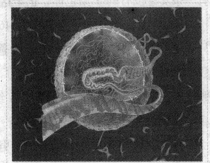

图 36

胞中不是直接以原来的状态存在的，而是高度压缩的。好比 1000 克毛线，如果一根一根接起来，当然会长得不得了；但如果用它织成毛衣，看起来也不过几十厘米长。DNA 分子也是一级级逐渐缩短的，不过形式上要高级得多。一个人体细胞内的 DNA 分子拉展后总长有 2 米，蜷曲成染色体后总长仅有 0.5 毫米，足足缩短了几千倍，真是令人惊奇的高度压缩能力！

染色体里还含有一些蛋白质和其他物质，这些物质协同 DNA 组装成染色体。复制后的两个 DNA 分子蜷曲成染色体后，各自成为染色单体。这两个染色单体开始并不分离，而是通过某一点连接在一起，像一个 X。最后，两个染色单体从 X 的中心连接点分离，分配到两个子细胞中。细胞完成分裂后，高度蜷曲的 DNA 又重新解开，染色体消失。所以，只有在细胞分裂的某个时期，我们才能看到染色体，那是 DNA 分子在细胞分裂期出现的一种特殊状态。

这种 DNA 分子的特殊状态，是很有用的。人类基因组的 DNA 分子约含有 30 亿个碱基对。可以想象，如果长长的 DNA 分子纠缠在一起，像个乱线团，要把它们分配到两个子细胞中去是非常困难的。这时，生命又一次显示了它神奇的智慧：DNA 分子被逐级缠绕、折叠成短粗的状态，这样就可以顺利地进入子细胞内。

大自然中有许许多多的生物，每一物种都有特定的染色体数，如鼠有 20 对，黄牛有 30 对，人类有 23 对。人类的每一对染色体（图 37）中有一条来自父亲，另一条来自母亲。其中有一对比较特殊，与决定性别有关，称为性染色体。女性有两条一样的性染色体，表示为 XX。男性有一条 X 染色体，还有一条女性没有的 Y 染色体，正是这条染色体决定了男性与女性的区别。

人的绝大多数体细胞都含有 46 条染色体，而精子和卵子的染色体数只有 23 条，是体细胞的一半。爸爸的精子同妈妈的卵子的结合，产生了我们的生命，它们结合后又恢复了 46 条染色体的标准状态。我们之所以既继承了爸爸的某些遗传信息，又继承了妈妈的某些遗传信息，正是由于我们体内的染色体有一半来自爸爸，一半来自妈妈。

现在，我们其实已经知道了生男孩还是生女孩的秘密。爸爸的性染色体是 XY，这两条染色体分配到不同的精子中，就有了带 X 染色体的精子和带 Y 染色体的精子。妈妈的性染色体是 XX，产生带 X 染色体的卵子。如果是 Y 精子同 X 卵子结合，就发育成男孩；如果 X 精子同 X 卵子结合，就发育成女孩。

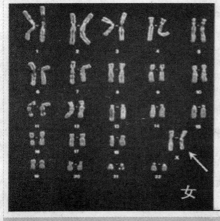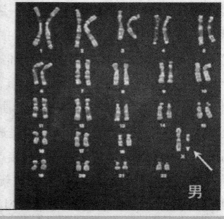

图 37

Part 2
揭开基因的面纱

　　遗传基因也称为遗传因子，是指携带有遗传信息的DNA或RNA序列，是控制性状的基本遗传单位。基因通过指导蛋白质的合成来表达自己所携带的遗传信息，从而控制生物个体的性状表现。

　　基因有两个特点，一是能忠实地复制自己，以保持生物的基本特征；二是基因能够"突变"，突变绝大多数会导致疾病，另外的一小部分是非致病突变。非致病突变给自然选择带来了原始材料，使生物可以在自然选择中被选择出最适合自然的个体。

解
密
生
命
密
码

巧妙的结构

　　DNA 是遗传物质。那么，什么是 DNA? 为什么它能作为遗传物质呢？原来，核酸是一种大分子的化合物，它和蛋白质一样，是生命的最重要的基本物质。无论是肉眼看不见的微生物，还是鸟、兽（图 38）、鱼、虫以至人的细胞里，无不含有核酸。按照化学成分，核酸可分为两大类：核糖核酸（简称 RNA）和脱氧核糖核酸（也就是 DNA）。这两种核酸都是由核苷酸组成的化合物。这好比核酸是一幢雄伟的大厦，它的"砖块"就是核苷酸。

图 38

核苷酸又是由什么构成的呢？核苷酸是由核苷和磷酸相连而成的，其中核苷又包括碱基和戊糖，即：碱基＋戊糖—核苷；核苷＋磷酸—核苷酸。构成 DNA 的碱基（图 39）主要有四种：腺嘌呤（简称 A）、鸟嘌呤（简称 G）、胞嘧啶（简称 C）和胸腺嘧啶（简称 T）。构成 RNA 的碱基多数与构成 DNA 的碱基相同，只有一种不同，即 RNA 有尿嘧啶（简称 U），而无胸腺嘧啶。两种核酸中的戊糖是不同的，RNA 是核糖，DNA 是脱氧核糖。DNA 和 RNA

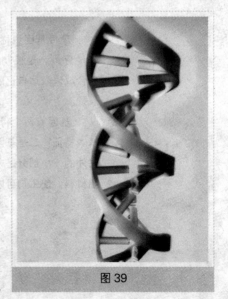

图 39

的"大厦"就是由四种核苷酸按照一定的顺序，首尾相接建造的，它形成一个长链状的分子。自然界中核酸分子所含的核苷酸数目相差十分悬殊，少则几十个，多则几千个，乃至几万个。

如果我们仔细观察 DNA 分子的长链，原来奥妙就在碱基上。生物界中的 DNA 分子是各不相同的，其区别不仅在于它飘所含有的四种碱基数量不同，而且还在于这些碱基前后排列顺序也不相同。这四种碱基的不同排列顺序非常重要。正如在电报通讯中仅靠"长声"和"短声"的不同排列，"嘀嗒嗒，嘀嗒嗒……"就可以通过电报"密码"来传递各种"信息"（电文内容）一样，四种碱基的不同排列顺序也可以表达各种各样的遗传信息。一个 DNA 分子含有成千上万的碱基，这四种碱基便以变化多端的排列方式，"描绘"出错综复杂、琳琅满目的生物世界。

惊世大发现

DNA 是主要的遗传物质，它以丰富多彩的核苷酸排列顺序贮存着各种各样的遗传信息。那么，DNA 又是如何把生命的遗传信息传递下去？DNA 的结构又是什么样子呢？

这一具有伟大科学价值的研究课题，吸引着世界各国的科学家。在 20 世纪 50 年代初期，当时有几个研究小组同时进行着 DNA 结构的分析工作，他们都试图建立 DNA 的分子模型（图40）。这些研究小组中有美国的化学

图40

家鲍林领导的研究小组；有设备条件非常好、X射线衍射分析工作非常出色的世界一流的英国皇家学院的著名科学家威尔金斯和福兰克林的小组；还有英国剑桥大学的两位年轻的科学家沃森和克里克的小组。他们都热衷于这项研究工作，于是在科学研究中展开了激烈的"竞赛"。最后，两位年轻人沃森和克里克胜利了。在1953年，他们一举成功地提出了DNA双螺旋结构模型，这个模型较好地说明了DNA的复制以及其"传种接代"的千古之谜，这件事轰动了整个世界。

年轻的沃森和克里克为什么能超越"对手"，获得伟大的发现呢？

首先，沃森和克里克具有很强的事业心，有勇于进行科学探索的精神。沃森是美国人，生于1928年，1947年毕业于美国芝加哥大学动物学系，后来又到著名的科学家卢里亚领导的研究室进行噬菌体（图41）的研究，不久获得了博士学位。当艾弗利等人证明能使细菌类型转化的遗传物质就是DNA时，他强烈地意识到："阐明DNA的化学结

图41

构，在了解基因如何复制上，将是主要的一步。"于是，沃森便产生了揭开DNA结构奥秘的迫切愿望。特别是1951年他有机会到意大利参加生物大分子结构学术会议，听到英国皇家学院威尔金斯关于DNAX光衍射分析的学术报告，受到很大启发，他决心从事这方面的研究工作。1951年秋，当时23岁的沃森从美国来到英国剑桥大学卡文迪什研究所

留学。这个研究所也是当时世界上有关 X 射线分析声誉最高的研究机构之一。在这里沃森会见了 35 岁的物理学家克里克。克里克是英国人，生于 1916 年，曾在英国伦敦大学学习物理和数学。第二次世界大战以后，他的兴趣开始转向生物学，他想把物理学的知识应用到生物学方面来。于是在导师指导下，克里克开始从事生物大分子结构方面的研究工作，并开始热衷于 DNA 结构的研究。正是探索 DNA 结构之谜这个共同的志趣，使沃森和克里克俩人夜以继日地工作着，他们终于取得了令世人瞩目的伟大成就。

其次，沃森和克里克（图 42）在剑桥大学相遇后，一个是生物学家，一个是物理学家，这样两位学者在一间办公室里工作，一起讨论学术问题，这无疑开阔了他们的思路，也更加丰富了他们的科学想象力，这也是他们在科学上取得成功的原因之一。沃森在他的著作《双螺旋》中，对克里克有一段描述："某天上午休息时，弗

图 42

朗西斯·克里克安静地、深深地沉浸在数学之中。午饭时，他因头剧烈疼痛回到家中治疗。他坐在煤气炉前无所事事，很快就厌烦了，于是又开始工作。使他兴奋的是，他忽然发现了答案……可是，他不得不停下来同他的妻子去参加一个葡萄酒品尝晚会。他在回家的路上就开始寻思，把 DNA 想象为一种螺旋结构。"与此同时，沃森也开始试验用 X 射线来拍摄能显示 DNA 结构的照片。1952 年 6 月的一个晚上，他为一张拍下的照片显影。他在书中描写了当时的情景："当我拿着还湿着的照片放在灯前时，我明白了我们得到了它。螺旋的特征相当明显……第二天早上，我焦急地等待着弗朗西斯的到来，见到他后，他不到 10 秒钟就同意了我的看法。"沃森和克里克就这样相互配合默契地工作。而威尔金斯和福兰克林则不然，他们虽然同时都在英国皇家学院德尔领导的实验室里工作，都进行 DNA 分子结构的研究，但他们之间却没有什么合作，从不交流，

图 43

致使他们出色的研究未能很快地取得应该得到的成果。

另外，沃森和克里克这两位年轻人不墨守成规，敢于大胆创新，敢与权威争高低。就在他们紧张工作的时候，在美国的鲍林宣称他做出了DNA结构的模型。他的模型不是两条螺旋线，而是三条。克里克和沃森认为这个模型不一定正确，因为他们两人也曾建立过这样的模型。他们肯定，尽管鲍林（图43）是一位伟大的化学家，但他搞错了。于是他们便想：一定要赶在鲍林的前面，改正错误，建立一个新的分子模型。沃森说："我们当时的希望就是其他科学家不要太怀疑这个大人物的模型的细节……在莱纳斯·鲍林重新进入竞赛前，我们有6个星期就能把一切都搞出来。"

在沃森和克里克加紧研究的过程中，他们非常谦虚，善于吸收前人所研究的科学成就，开阔思路，不断改进自己的工作。最初，他们设想，DNA是一个由三条磷酸糖链组成的螺旋型大分子。他们赶制了一个模型，然后邀请威尔金斯和福兰克林来参观讨论他们的分子模型，结果发现把DNA的含水量计算少了，使DNA的密度变大，从而错误地把DNA分子结构定为三股链。沃森和克里克第一次模型的建立便宣告失败了。但他们并不灰心，仍大量地分析和研究各种资料，进行更深入的科学研究。当时有许多科学家的工作对他们启发非常大。1952年7月，克里克从正在剑桥访问的美国科学家查哥夫那里得知，从对各种生物的DNA成分分析证明，DNA所含的四种嘌呤和嘧啶碱基并不相等，但嘌呤和嘧啶两类碱基之间的比例却是恒定的。克里克抓住这个重要根据，推导出在DNA分子结构中，"碱基配对"的重要法则。克里克还曾请求一位年轻的数学家对DNA分子碱基间的吸引力进行计算，从计算结果中他们认识到碱基分子并不是乱堆在一起的，而是通过氢键（一种化学键）相连，并且碱基相连是边靠边，嘌呤有吸引嘧啶的趋势。特别是在 1953 年 2 月，沃森他们有机会看到了威尔金斯拍摄的非常清晰的 X 射线（图 44）衍射照片。这张 DNA 照片真是"雪中送炭！"沃森写道："我看到照片的时候，不禁张大了嘴，心脏剧烈跳动。这张

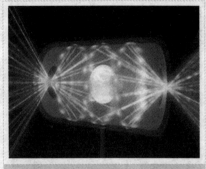

图 44

照片恰恰显示了一种螺旋线结构。"从这张高质量的照片中，他们很快得出了三点结论：

第一，DNA 分子是一种螺旋形结构。

第二，这个螺旋直径为 2 纳米，大约每 3.4 纳米完成一个螺距，由于相邻核苷酸的间距是 0.34 纳米，因此每个螺距包含 10 个核苷酸。

第三，这个螺旋必定含有两条多核苷酸链，即是一种双链形式。

沃森和克里克根据以上分析，开始动手试制模型。在一个星期里，这两个人的脑子里只有 DNA，甚至在电影院里沃森还念念不忘他的神秘分子。DNA 中脱氧核糖和磷酸相间排列成一条链子，位于 DNA 螺旋的外层。DNA 中还有四种碱基——克里克和沃森将它们简称为 A、G、C、T。困难的是这四种碱基差别甚大，很难确定它们在模型中的空间位置。开始，沃森想以"同配"的方案，也就是嘌呤碱与嘌呤碱吸引配对，嘧啶碱与嘧啶碱吸引配对，实际结果是模型空间装配不上。而 A-T 配对和 G-C 配对正好符合模型的空间装配。在这里他们发现了新的碱基配对原则：即腺嘌呤(A)总是和胸腺嘧啶(T)配对，鸟嘌呤(G)只能和胞嘧啶(C)配对；而且由氢键联系两条排列无规则的碱基序列，每个碱基对有规则地摊在螺旋中间。就这样，新的 DNA 分子模型试制出来了。这个 DNA 分子模型既符合 X 光照片显示的各种数据，又符合科学原理。新模型不但说明了嘌呤和嘧啶为什么总是 1:1 的原因，而且也为解释遗传物质怎样进行自我复制和决定性状找到了坚实的分子基础。

当著名科学家布雷格爵士看到这个 DNA 分子模型时，他马上变得像

图45

克里克和沃森一样激动起来。接着，威尔金斯也看到了这个模型，他也极为激动。威尔金斯和福兰克林（图45）赶紧回到自己的实验室，将这个模型与他们所做的X射线衍射照片资料做了比较，发现二者完全一致。这些科学家都准备公布他们的发现，而此时，美国的鲍林仍在为探索DNA的结构努力工作着，可惜已经落后了。

在这一重大成果公布之前，化学家鲍林就已知道剑桥的科学家们在"竞赛"中夺冠了。但他并没有懊丧，反而为这一重大科学成果的取得而由衷地高兴，他服从真理，承认自己所做的结构模型是错误的，并把自己的儿子送到剑桥（图46），拜克里克为师。鲍林表现出了一个科学家严谨的科学态度和高尚的情操。

1953年4月25日，沃森和克里克在《自然》杂志上发表了他们撰写的论文。这篇论文文字简练、朴素，只有1500多字。但它向全世界宣告：生命科学中的重要生物大分子——DNA是一种双螺旋结构。于是科学史上的一项伟大发现就这样诞生了。

为什么沃森和克里克能在科学上获得伟大的发现呢？坚实的基础，广泛的知识，大胆的设想，不断的进取，团结协作的精神，虚心求教的态度……这些，大概就是两位诺贝尔奖金获得者的"窍门"吧！

图46

传种接代的奥秘

DNA 作为遗传物质可不是自封的，它具备了两个必需的条件：一个是它能够按照自己的"模样"复制自己，以便在细胞分裂（图 47）时或形成性细胞时把复制出来的"信息复本"传给子代，保持物种的延续；其次，传递下去的"信息"在子代中还须能够表达出来，以表现遗传性状。DNA是如何实现这些遗传物质作用的，过去一直是个谜。直至 1953 年沃森和克里克提出了有名的DNA分子双螺旋结构模型以后，这个问题才得到解决。在这个模型中，DNA 的结构好像是一个扭成麻花的螺旋形的梯子，两侧的扶手是由两条多核苷酸链上的糖和磷酸组成的，碱基在内侧，以氢键相连，犹如阶梯，其中 A 与 T，G 与 C 一一对应。即一条链上某一位置指定碱基是 A 时，另一条链上对应位置上的碱基必然是 T，就像一副浇铸模子一样，有了一个凹面，就浇出一个凸面的物体。这叫碱基一对一的对应关系，也叫碱基配对原则。

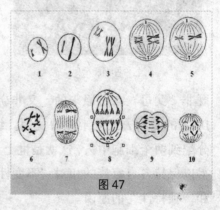

图 47

为什么碱基配对有严格的规定？其原因是两条链子间的空间是一定的，其距离为 2 纳米。嘌呤和嘧啶的分子结构不同，嘌呤是双杂环化合物，分子量大，体积大，犹如一个"大胖子"；嘧啶是单杂环化合物，分子量小，体积小，犹如一个"小瘦子"。因此，若两条链上相对应的碱基都是嘌呤，那么所占的空间太大，就像两个"大胖子"同时挤在楼梯一处，挤不下；

若两条链子上相对应的碱基都是嘧啶，则相距太远，不能形成氢键，就像两个"小瘦子"同时呆在楼梯一处，太空了。所以必须 A 与 T 相连，其长度为 2 纳米，G 与 C 相连，长度也是 2 纳米，碱基配对必须是由一个嘌呤与一个嘧啶组成。另外，A 与 T 配对是通过两个氢键相连，G 与 C 是通过三个氢键相连，因此碱基配对只能是 A 与 T 或 G 与 C，不能是 A 与 C 或 G 与 T。因为在氢键位置上彼此不相适应，所以在 DNA 分子中碱基的比例总是 (A+G)/(T+C)=1，即嘌呤碱的分子总数等于嘧啶碱的分子总数，这样就互补配对形成为双链。正是由于 DNA 具有这种独特的结构，所以它便有了自我复制的本领。

那么，DNA 是如何复制的呢？首先 DNA 在解旋酶（一种特殊的蛋白质）的作用下，两条螺旋链解开（叫解旋），成为两套模板。于是根据碱基配对原则，在聚合酶（图48）的帮助下，一个个单独的核苷酸纷纷进入相应的位置，形成两条新链，再经新旧链的螺旋化，便由一个 DNA 分子复制出两个完全一模一样的 DNA 分子。当然，这个新的 DNA 分子，

图 48

既非"父母"自己原来的，又非崭新的，而是半新半旧的复制品。这种 DNA 的复制方式叫半保留复制。细胞分裂时，复制出的新 DNA 分子便分配到两个细胞中去，这就是世上千差万别的生物在传种接代的家谱中，得以保持各自家族的相对"不变性"和"独特性"的原因。

关于 DNA 的复制本领，现已通过人工合成 DNA 的实验得到了完全的证实。1956 年，美国科学家恩伯格用寄生在大肠杆菌（图49）上的一种噬菌体的 DNA 作为"模板"，用四种核苷酸作为原料，加入适当的能量 (ATP)，

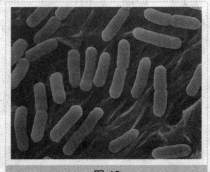

图 49

在大肠杆菌 DNA 聚合酶的作用下，竟然在试管中成功地合成了这种噬菌体的 DNA。人工合成的这种 DNA 还有生物活性呢！如果用它侵染大肠杆菌，它就能在大肠杆菌体内繁殖，传宗接代。

高超的本领

　　神奇的遗传物质 DNA 不仅能够自我复制将遗传信息传给后代，还能"指令"细胞合成自身生命活动所需要的一切蛋白质，表现出与亲代相似的性状，这在遗传学上叫基因的表达。在高等生物的细胞中，基因或 DNA 几乎全部集中在细胞核里，而蛋白质的合成却在细胞质中进行，中间隔着一层核膜。这就好像一个工厂，技术资料都存在档案室里，而车间里却要按照资料规定的工序进行生产。怎么办呢？将所需要的技术资料抄录一份送到车间去岂不是万事大吉了吗！实际上，生命正是这样进行的。承担这一任务的便是一种核糖核酸，叫"信使核糖核酸"（简称 mRNA）。信使核糖核酸具有一种高超的本领，它能把 DNA 上合成蛋白质的密码抄录下来，这个过程叫"转录"（图50）。然后信使核糖核酸作为 DNA 的"全权代表"，携带这个遗传信息从细胞核中被"派往"细胞质。正是由于它能传递信息，所以才得到信使核糖核酸的美名。

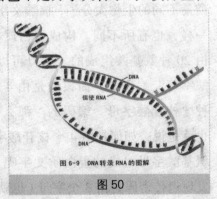

图 6-9　DNA 转录 RNA 的图解

图 50

　　那么，DNA 是如何把遗传信息传给信使核糖核酸的呢？DNA 的转录技巧是很高超的。所谓转录就是指遗传信息由 DNA 录制到 mRNA 上。通过

解密生命密码

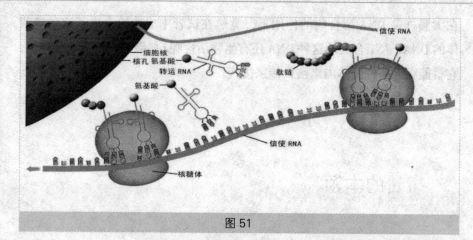

图 51

研究知道，信使核糖核酸只有一条单链，链上核苷酸的碱基跟脱氧核糖核酸的碱基仅是一"字"之差：核糖核酸没有胸腺嘧啶 (T)，而有尿嘧啶 (U)。因此，脱氧核糖核酸传递遗传信息时，碱基配对就多了一个新规律：A 对 U，其余仍按 G 对 C、T 对 A 进行。这个过程好比底片转印照片似的，于是人们便起名叫"转录"。

转录而成的信使 RNA 从细胞核进入细胞质后便可以指导蛋白质（图51）的合成了。然而，实际过程要费一些周折，这是因为蛋白质和核酸是不同的生物大分子，核酸文字与蛋白质文字就像"不同国家文字"一样，也有所不同。构成蛋白质文字的"字母"是氨基酸，蛋白质是由 20 种氨基酸组成的。所以可以说，蛋白质的文字是由 20 个"氨基酸字母"编码的。而核酸是由 4 种核苷酸组成的，所以核酸文字由 4 种"核苷酸字母"编码的。那么，核酸是怎样决定蛋白质合成的呢？也就是说，如何把由 4 个核苷酸字母组成的核苷酸文字翻译成由 20 个氨基酸字母组成的蛋白质文字呢？这里就有个翻译的规则。科学家们发现遗传密码是由 3 个字母（也就是 3 个碱基）组成的三联体密码，即每个"密码子"由 3 个字母组成，也就是说 3 个相邻的核苷酸决定一种氨基酸。例如，赖氨酸的遗传密码是 AAA，甘氨酸是 GGG，精氨酸是 AAG……从而编制出一本密码字典。令人惊奇的是，成千上万种生物用的基本上都是这一套密码。这一点具有非常重大的意义，有关这方面的事情我们后面再谈。

在生物的蛋白质合成中，有翻译的准则。那由谁来担任翻译呢？实际上，通晓蛋白质和核酸两种文字的"译员"是另外一种核糖核酸，叫转移RNA。转移核糖核酸的本领不仅具有"翻译"的作用，而且还能将蛋白质合成的原料——氨基酸搬运到蛋白质合成的地点去对号入座，它还起着"搬运工"的作用。至于翻译工作

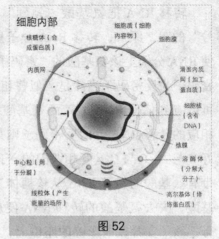

图52

的场所，就在细胞质内核糖体上。核糖体是一种微小的颗粒，它是合成蛋白质的"车间"。核糖体中又含有另外一种核糖核酸，叫核糖体RNA。核糖体RNA是"装配员"，氨基酸在它的调度下就可装配成蛋白质。

下面就让我们来看看蛋白质是怎样合成的。首先，携带合成蛋白质密码的信使RNA从细胞核来到细胞质（图52）后，其一端和核糖体相连。核糖体像是一个"电影院"，里面有许多事先规定好的带有号码的座位。下面，便轮到氨基酸按信使RNA抄录的密码（即座位号码）"对号入座"了。可惜的是，氨基酸像个幼儿似的，不认识自己座位号码，而要靠"大人"携带前往入座，这个"大人"就是转移RNA。转移RNA借助有惊人识别能力的酶，将相应的氨基酸连到自己身上，并运送到核糖体上去，这就像父母能认识自己的孩子一样，将孩子抱在怀里去找该坐的座位。细胞内既然有20种氨基酸，那就至少有20种相应的转移RNA及其特殊的酶。

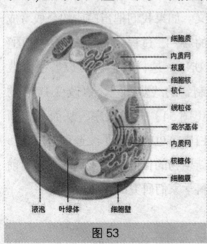

图53

转移 RNA 把氨基酸"领到"核糖体那里后，又是怎样辨认"座号"的呢？原来，转移 RNA 分子里也有核苷酸的三联码，并恰好与信使 RNA 分子上该氨基酸的"密码子"相互呼应，称之为"反密码子"。密码子与反密码子当然是"似曾相识"的了。例如，我们从密码字典中可以查到信使 RNA 上苯丙氨基酸（也叫苯丙氨酸）的密码子是 UUC，相应的转移 RNA 上的反密码子则是 AAG，根据碱基互补配对原则，正好 U 与 A，C 与 G 是互相匹配的。于是，随着核糖体和信使 RNA 的运动，带有氨基酸的转移 RNA 从核糖体（图 53）一边进入，然后"放下"氨基酸，失去氨基酸的转移 RNA 便从核糖体的另一边离去。这就如同父母把孩子安置在电影院的座位上，大人不看电影而离开了一样。这时，按信使 RNA 上密码的顺序一个接一个"对号入座"的氨基酸，通过氨基和羧基的结合，形成多肽链，然后脱离核糖体。就像幼儿园的小朋友一样手拉手地相继连接起来，最后按照信使 RAN 的"指示"，合成了某种蛋白质分子。这样，氨基酸"砖块"便按原来 DNA"蓝图"，建成了蛋白质分子的"宏伟大厦"。

从以上蛋白质的合成过程我们可以看出，基因的表达，也就是遗传信息的传递方向是：

$$DNA（基因）\xrightarrow{转录} 信使 RNA \xrightarrow{翻译} 蛋白质（性状）$$

这个过程称为遗传的"中心法则"。遗传的中心法则具有十分重大的实践意义。如果我们把蛋白质的合成看成生物的"施工"过程，那么，施工的"蓝图"就是 DNA，这样我们就可以着手修改或绘制新的"蓝图"，以改变 DNA 的碱基（图 54）排列顺序，从而合成新的蛋白质，也就实现了改造现有生物、创造新生物的目的。关于这一点，目前也是科学家们研究的主要内容之一。

图 54

生命的密码

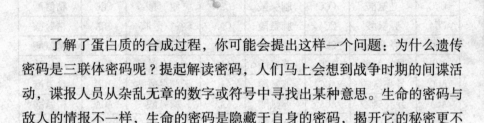

　　了解了蛋白质的合成过程，你可能会提出这样一个问题：为什么遗传密码是三联体密码呢？提起解读密码，人们马上会想到战争时期的间谍活动，谍报人员从杂乱无章的数字或符号中寻找出某种意思。生命的密码与敌人的情报不一样，生命的密码是隐藏于自身的密码，揭开它的秘密更不是一件容易的事。

　　自从 20 世纪 50 年代末至 60 年代初，科学家们对遗传密码的解读发生了浓厚的兴趣。在密电码传递信息的启发下，美国物理学家盖莫夫首先对这个问题进行了挑战。盖莫夫既不是生物学家，也不是实验科学家，他只能从理论上用简单的数学演算方法尝试密码的解读。盖莫夫没有用核酸的碱基 A、T、G、C 符号，而是用扑克牌中的梅花、黑桃、方块和红桃来代替。他设想，如果每种纸牌与 1 种氨基酸相对应，那么只能产生 4 种氨基酸，"门不当，户不对"。氨基酸有 20 种，碱基只有 4 种，不可能一一对应，1 个字母（碱基）与 1 种氨基酸相对应是不可能的。那么，2 个碱基与 1 种氨基酸对应又如何呢？$4 \times 4 = 16$，只能产生 16 种氨基酸，还不够数。因此，盖莫夫认为可能是 3 个碱基决定 1 种氨基酸。3 种碱基组合的方式有 $4^3 = 64$，也就是说可以产生 64 种氨基酸。这又比 20 种氨基酸的数字大了 2 倍以上，怎样解决这个矛盾呢？于是他又假设 1 种氨基酸可以用几组碱基密码来表达，这样便把氨基酸和碱基组对应了起来，整个假设的数学形式也就很完美了。

　　但是，这纯粹是想当然的数学假说。究竟在生物体内是否是事实呢？

难道一个千古之谜就这样轻易地被一个生物学的"外行"解开了吗？

UUU	苯丙氨酸	UCU	丝氨酸	UAU	酪氨酸	UGU	半胱氨酸
UUC	苯丙氨酸	UCC	丝氨酸	UAC	酪氨酸	UGC	半胱氨酸
UUA	亮氨酸	UCA	丝氨酸	UAA	终止信号	UGA	终止信号
UUG	亮氨酸	UCG	丝氨酸	UAG	终止信号	UGG	色氨酸
CUU	亮氨酸	CCU	脯氨酸	CAU	组氨酸	CGU	精氨酸
CUC	亮氨酸	CCC	脯氨酸	CAC	组氨酸	CGC	精氨酸
CUA	亮氨酸	CCA	脯氨酸	CAA	谷氨酰胺	CGA	精氨酸
CUG	亮氨酸	CCG	脯氨酸	CAG	谷氨酰胺	CGG	精氨酸
AUU	异亮氨酸	ACU	苏氨酸	AAU	天门冬酰胺	AGU	丝氨酸
AUC	异亮氨酸	ACC	苏氨酸	AAC	天门冬酰胺	AGC	丝氨酸
AUA	异亮氨酸	ACA	苏氨酸	AAA	赖氨酸	AGA	精氨酸
AUG	蛋氨酸	ACG	苏氨酸	AAG	赖氨酸	AGG	精氨酸
GUU	缬氨酸	GUC	丙氨酸	GAU	天门冬氨酸	GGU	甘氨酸
GUC	缬氨酸	GCC	丙氨酸	GAC	天门冬氨酸	GGC	甘氨酸
GUA	缬氨酸	GCA	丙氨酸	GAA	谷氨酸	GGA	甘氨酸
GUG	缬氨酸	GCG	丙氨酸	GAG	谷氨酸	GGG	甘氨酸

遗传密码字典

　　1958 年，当盖莫夫的假说几乎被人们遗忘的时候，克里克（图 55）出人意料地提出了生命信息传递的"中心法则"，他确认遗传密码存在于 DNA 中，并被转录到 RNA 上，在蛋白质的合成中，RNA 上的每 3 个碱基像密码子一样，决定着某种氨基酸，同时又决定着蛋白质的种类。克里克提出这个法则以后，虽然被公认了，但仍面临着一项重大的任务：某种氨基酸的产生，究竟是哪 3 个碱基的怎样的排列组合呢？也就是说，构成遗传密码的基本内容到底是什么呢？

图 55

　　在 20 世纪 60 年代第一个春天，美国著名科学家尼伦伯格领导的生物化学研究小组，应用人工合成核苷酸链进行蛋白质合成实验首战告捷。他们首先合成了全由一种尿嘧啶核苷酸组成的 RNA 链，比如 UUUUUUU……利用它在试管中合成了全是由苯丙氨酸组成的肽链。从而确定了苯丙氨酸的密码是 UUU，终于破译了第一个遗传密码。以后，尼伦伯格和另外一些实验小组用相似的方法进行着蛋白质合成试验。如用人工合成

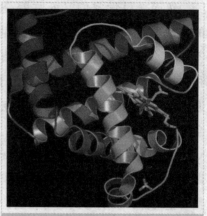

图 56

的 AAAAAA……链，在试管中合成的全是由赖氨酸组成的蛋白质；用 CCCCCC……合成的全是由脯氨酸（图 56）组成的蛋白质。这样便又了解到：AAA 是赖氨酸的密码；CCC 是脯氨酸的密码。然后利用各种核苷酸的搭配，最终找出了 64 种密码子对应的氨基酸，编出了一本"密码字典"。在这个"密码字典"中，左、上、右三面的 U、C、A、G 字母都代表 RNA 碱基。因为细胞里合成蛋白质时，是由 RNA 到 DNA 那里转录出的副本，所以知道副本就可以推算正本的内容。查"密码字典"的时候，

图 57

你先取左边（第一个碱基）一个字母，再取上面（第二个碱基）的一个字母，最后取右边（第三个碱基）的一个字母，合起来就是一个氨基酸，也就是一个"字"。例如 CUU 代表亮氨酸、CCC 代表脯氨酸、CAU 代表组氨酸（图 57）、CGA 代表精氨酸……从"密码字典"中可以看出，除甲硫氨酸和色氨酸外，其他氨基酸都具有两组以上的对应密码子。更有趣的是，密码里还有句号，没有对应的氨基酸，用来表示氨基酸连成一个段落，蛋白质合成到此为止。这部"天书"的发现，使生物学家们惊叹不已，生命的密码竟如此精密无瑕。

然而，科学家们又面临着一个严肃的问题：这些在生物体外破译的密码与生物体内的是否一致呢？美国的一些科学研究小组很快就解答了这个问题。他们以大肠杆菌和噬菌体为研究对象，在试验过程中积累了大量的资料，并对此进行了详细的分析、对照，他们兴奋地发现，通过体外试验破译的密码，跟在大肠杆菌和噬菌体中检测出的密码完全吻合。

　　更令人瞠目结舌的是，从大肠杆菌和噬菌体上检测出的密码，竟然与地球上所有的生物都毫无两样（后来发现也有很少量差别）。这也就是说，整个生物界，从病毒到高等植物，从变形虫到人类，在细胞里合成蛋白质的基本原理是一致的，都包括两个基本步骤：转录和翻译；都用基本上相同的遗传密码；都涉及到三种 RNA；都用相同的能源；都需要相似的酶。特别是整个生物界的最基本的生命活动都服从于密码表的规定。因此，如果说 19 世纪 30 年代德国细胞学家施莱登和施旺确定的细胞学说（所有的生物都是由细胞构成的），是从细胞水平上论证了生物界的统一性，那么，20 世纪 60 年代中期分子遗传学家们所揭露的遗传密码表则是从分子水平上论证了生物界的统一性。

　　遗传密码表的发现不仅具有重要的理论意义，而且具有重大的实践价

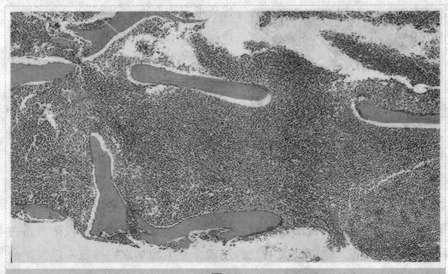

图58

图 59

值。因为既然生命密码在生物界是统一的，那么必然也是通用的。这样，在了解了核苷酸和氨基酸对应关系的基础上，人们才有可能去着手解决人工合成基因的问题，才有可能对生命的堡垒实行大胆突破。由于遗传密码在生物界是通用的，人们也才有可能实现不同生物之间的基因转移，从不同的生物里选取有用的基因，进行增删、修补和替换，从而创造出举世无双的新生物。例如，有人把烟草花叶病毒的密码放入大肠杆菌中，大肠杆菌就制造出了烟草花叶病毒蛋白质；有人把鸭子血红蛋白（图58）的信使 RNA 密码，注入兔子的卵细胞里，结果受精后发育出来的兔子的红细胞中出现了鸭子血红蛋白。有人把大老鼠的生长素基因注入到小老鼠的受精卵里，结果长出了大老鼠（图59），而且代代相传。你看，发现生命密码的意义有多重大呀！世界人民为了感谢他们，对破译密码有功的科学家，如尼伦伯格、柯拉纳等都给予了极高的荣誉，使他们得到了科学最高的奖赏——诺贝尔奖。

分段负责制

　　一个 DNA 分子是否就是一个基因而仅贮存一种蛋白质的信息呢？其实不然。科学家们发现，一个 DNA 分子是很大的，其中含有很多基因，每个基因实际上是 DNA 分子中的某一特定的片段。这好比"铁路警察"各管一段，DNA 在主管遗传这件事上，也采取"分段负责制"，它们各自负责一项遗传任务，这样的一段核酸，便称为一个基因。不同

图 60

基因所含碱基对 (A–T，C–G) 的数量和排列顺序各不相同，因此也就执行不同的遗传任务。那么，一个生物有多少基因呢？有人估计，像最小的细菌病毒——MS$_2$噬菌体只有 4 个基因；大肠杆菌有 7500 个基因；人至少有 5 万 ~ 10 万个基因。现在要问，一个生物具有成千上万个基因，那么是否全部基因同时都在不停地被转录翻译而合成蛋白质呢？其实，生物犹如一个组织严密的"工厂"，里面各道工序都受严格的控制，其活动是按顺序进行的。这也就是说，在生物的生长发育过程中，各种基因根据"需要"，按时间、空间以及内外环境条件的不同在表达上做到严格的选择，前后有序，按部就班，协调一致地发挥作用。比如说，植物在幼苗时（图 60），花瓣颜色的基因就不起作用；在根部也同样不起作用，只有植株开花时，分化出花瓣来，花瓣颜色的基因才起作用，这说明基因的活动具有一定的调节与控制。那么，基因的表达是怎样受到调节和控制呢？

法国的两位科学家雅各布和莫诺详细地研究了大肠杆菌的基因调控。当他们用乳糖培养大肠杆菌时，细菌会借转录、翻译等过程合成出一种能分解乳糖的酶来。细菌就利用分解的乳糖来生长繁殖。但当乳糖用完了或改用葡萄糖培养时，细菌就不再生产这种酶了。这个现象说明，基因的表达是受各种因素调控的。在这个过程中，在某些外界因素的影响下，一些基因被"关闭"，一些基因被"打开"，因而使遗传信息在大肠杆菌的生命代谢活动、繁殖后代以及在对环境的适应中有节奏地发挥作用。经过雅各布和莫诺的反复研究，他们终于揭开了"庐山真面目"。原来，生物本身有一套"调节系统"。生物的基因不全是合成蛋白质的基因，基因之间有分工，有的基因管生产蛋白质，但有的基因管"调度"，专门负责调节或控制基因的活动，这类基因叫调节基因和操作基因。基因像个"大家族"，基因可以管基因。你看！生物体是多么奥妙啊！在深入研究的基础上，雅各布和莫诺提出了一个"操纵子"模型，来说明原核生物的调控系统。操纵子学说的提出，可以说揭开了生物活动的又一奥秘。

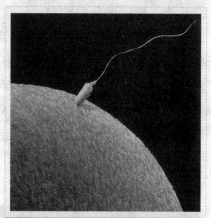

图 61

当然，对于更复杂的真核细胞，特别是对多细胞生物来说，生物的调节机制会更复杂。因为包括人类在内的真核多细胞生物，都是以被称为受精卵（图 61）的一个细胞为基础生长发育而成的。也就是说，通过受精卵的无数次的细胞分裂，不断地增加细胞的数量，并分化出根、茎、叶、花、果或眼、耳、鼻、舌、身等各种器官和系统，最后发育成为一个成熟的个体。人类在出生时大约具有3 万亿个细胞，发育成成人大约具有 100 万亿个细胞。这些细胞在形态上和功能上都是不一样的，既具有皮肤表面上平坦的起保护作用的细胞，又具有像肌肉细胞那样细长的负责运动的细胞。这样复杂的分化和发育过程，都是在基因的严格控制下进行的。为了揭开真核多细胞生物基因调控的奥秘，许多科学家已经向这座科学堡垒发起了进攻！当我们了解了基因表达的调控原理以后，就可以更自由地人工控制某些基因发挥作用，使它们生产我们所需要的一些产物，从而为人类服务。

解密生命密码

变异的秘密

　　生物虽然不是机器，但它像一台精密的"机器"，具有严格的调控系统，遗传信息的贮存、传递和表达是不会错乱的。因此，生物的遗传是比较稳定的。但是，我们常说："一母生九子，各个有别"，"一树结果有酸有甜"。在细胞分裂、染色体复制或基因复制、转录和翻译全过程中都有可能发生差错而产生变化。这种变化有的可能发生在染色体上，有的可能发生在 DNA 分子中，它们的变化都会使生物性状产生变异。变异可能对生物的生存不利，也可能是有利的。例如，有一种傻子叫"伸舌样痴呆"（图62），这种人长着一副特殊的呆傻的面容，眼睛小，眼距宽，张口伸舌，流口水，智力低下。这种孩子只

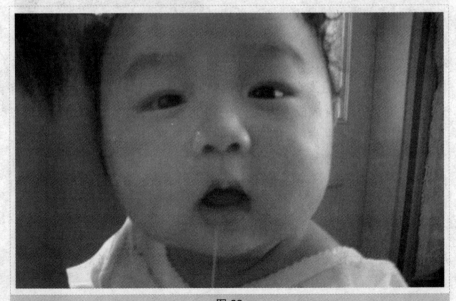

图62

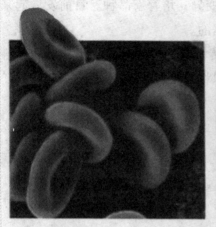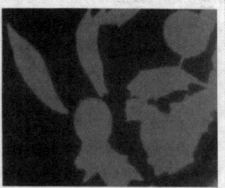

正常型红细胞（左）与镰刀型细胞贫血症红细胞（右）的形状比较

图 63

会叫"爸"、"妈"的简单音节，不识数，没有抽象思维。这种人为什么会这样呢？如果我们把患者的细胞取出来，经过组织培养，然后在显微镜下仔细检查就会发现：原来是染色体出了毛病，这种人多了一条染色体，变成了 47 条染色体，因而得了这种染色体病。还有的人得了一种镰刀型贫血病，这是一种"分子病"。这种病人在氧气缺乏时，红血球会由正常圆盘形变成镰刀形（图 63）。在严重的情况下，血球破裂，造成严重的贫血，往往引起死亡。这种病是由于基因突变而产生的一种遗传病。科学家们通过对病人红血球中血红蛋白分子的研究发现，原来这种病是由于一个氨基酸发生了变异而造成的，这个变异发生在血红蛋白分子的一条多肽链上，是一个谷氨酸被缬氨酸代替了。

为什么会产生氨基酸分子的改变呢？主要是由于控制合成血红蛋白分子的遗传物质 DNA 的碱基组成发生了改变，有一个密码 CTY(谷氨酸)变成了 CAT(缬氨酸)，正是由于遗传密码发生了改变，所以才产生了病变。

我们了解了染色体变异和基因突变的分子机制，就可以通过人工的方法（理化因素等）进行诱变，设法引起生物体的遗传物质染色体或

DNA 的分子结构发生改变，来创造变异，培育新品种。目前发展起来的诱变育种就是以此为重要理论依据的。

遗传的问题是相当复杂的，遗传奥秘的揭露只是初步的。随着科学的不断发展，人们对于遗传的认识将会更加深入。

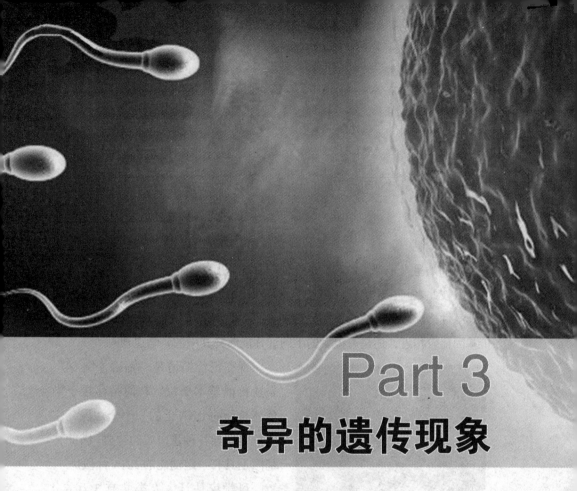

Part 3
奇异的遗传现象

　　遗传现象是指经由基因的传递，使后代获得亲代的特征、性状的一种现象。产生遗传现象的原因是生物体内具有遗传物质。遗传物质的基础是脱氧核糖核酸（DNA），亲代将自己的遗传物质DNA传递给子代，而且遗传的性状和物种保持相对的稳定。遗传物质在生物进程之中得以代代相承，从而使后代具有与前代相近的性状。

解密生命密码

永久的不同

　　假如外星人来到了地球，也许他们看地球上的人都长得差不多。可地球上的人彼此之间互相比较，却是千差万别，不但表现在外表长相，而且表现在脾气性格、对疾病的敏感性等诸多方面。即便是同一个母亲生的孩子，遗传基因比较相近，还是有很大的不同。你能解释其中的科学道理吗？

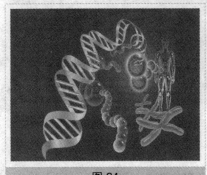

图 64

　　现在已经搞清楚，基因（图 64）是遗传的基本单位。它们是存在于染色体长长的 DNA 上的一个个片段，主要负责指导各种蛋白质的合成。因此，基因是具有一定功能的 DNA 片段。

　　科学家估计，人类共有 3 万～ 4 万个基因，分布在 23 对染色体上。但是这些基因并不是一个挨着一个排列在染色体上，而是呈岛屿状散在分布。在"岛屿"之间的 DNA，我们还不知道它们的作用，但有的科学家相信，它们一定担负着特殊的使命。一个人所拥有的全部基因称为基因组，可以说这是生物界最奇妙、最复杂的基因组，因为就是这样一个基因组，决定了人类有着远超其他生物的智慧。

　　在我们人类的个体之间，大约有 99%左右的基因是相同的，还有 1%不到的差异为千差万别的个体负责。为什么有的人胖些，有的人瘦些，有的人高些，有的人矮些？除了环境因素外，基因起着重要的作用，有时甚至是决定因素。

　　我们说 DNA 的复制是非常准确的，但这个准确性并不是绝对的，而且一些外界因素，如射线（图 65）、化学物质，也会使 DNA 碱基序列发生改变，我们称这种改变为突变。这些突变造成了 DNA 功能的改变和决定生物性状的蛋白质的变化，这恰恰为进化提供了无穷的原材料。有些突变不利于生存而遭淘汰，有些仅是改变了某些性状，但对生命的持续生存和繁殖没有危害，于是被保存下来。日积月累的突变造就了不同的物种，除

图 65

了一些基因组非常简单的低等生物外，在同一物种内，几乎没有所有基因完全一样的两个个体。

除了突变，有性繁殖也是造成个体间基因不同的重要原因。以人类来说，通过精子与卵子的结合，不同来源的基因重新进行了组合，产生了既不完全和父亲相同，也不完全和母亲相同的后代。这种组合的方式非常多，后代中基因完全相同的可能性也非常小。

以人类精子（图 66）的产生为例。在生成精子的第一次分裂时，每一对染色体的两条染色体随机进入两个子细胞。如果每两条染色体都有细微的差别，爸爸在理论上就可以产生 $2^{23}=8388608$ 种精子。同样的道理，妈妈理论上也可以产生 8388608 种卵子，但实际上妈妈一生只能排出 400 个

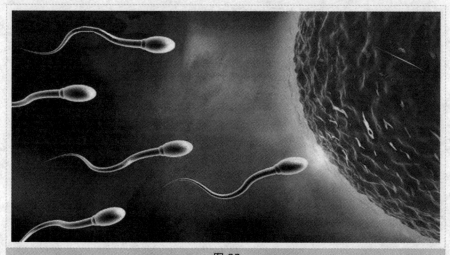

图 66

解密生命密码

左右的卵子。如果这对夫妇不是亲戚，也就是说他们之间没有完全相同的染色体，那么他们得平均生育 70368744177664(8388608 × 8388608) 个孩子，才能有两个所有基因完全相同的孩子，这个数字是地球总人口的 1 万多倍。有时基因还会在不同的染色体间进行转移或者发生突变，上面的数字还会扩大。因此，除了同卵双生的双胞胎外，就算是亲兄弟、亲姐妹，他们的所有基因也不可能完全一样，更不用说血缘关系很远的两个人。

基因不是万能的

当基因变得大红大紫的时候，就容易滋生出一种"基因决定论"，认为人的一切，包括性格都是由基因决定的。事实果真如此吗？

随着基因研究的深入，人们之间出现了争论：基因可以决定一切吗？我们的所有基因都继承自爸爸、妈妈，是不是在受精的那一瞬间，一生的命运就已经决定了？是胖是瘦，是美是丑，是聪明是愚笨，是长寿是短命，是健康是多病，这一切都先天决定了吗？

事实上，基因并不能决定一切。

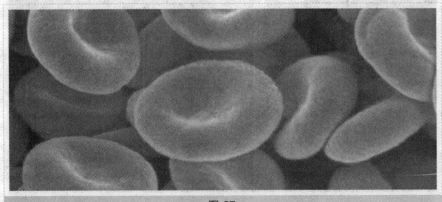

图 67

环境也是基因表达的一个重要影响因素。比如说，当我们进入高原地区时，由于缺氧，人体会加快血红蛋白（图67）和红细胞的生成以帮助氧气的运输，总量可以增加10%以上。还比如，我们加强锻炼，可以刺激骨骼和肌肉的生长。

有这样一个故事，一对双胞胎孤儿被不同的家庭领养，几十年后相认。他们发现了许多共同点，比如酷似的相貌，都是左撇子，都喜欢音乐，都患有糖尿病，都过早谢顶等等。可是他们也不完全一样，一个是某科学领域的专家，一个是商人；一个由于过多吸烟患上了肺病，一个则有严重的关节炎，这可能与生活在寒冷地区有关。这对兄弟虽然有相同的基因，却由于生活环境的不同，某些生活习惯甚至身体状况都产生了差异。

上面的实例说明，决定人命运的不光是基因，还有环境，有时也包括人的主观意志。这是一个复杂的、相互作用的过程。我们说基因决定了人的生物特性，环境则决定了人的社会特性，但这也不是绝对的，它们之间存在着一定程度的交叉。

大量的研究事实证明，基因的表达可以受到环境的诱导。也就是说，遗传基因的表达会受到环境因素的影响，在适宜的环境下，遗传基因才能获得正常的表达，否则有些基因或者迟缓表达，或者永远被抑制。举个例子来讲，狼孩一般都是在很小的时候就脱离了人的生活、融入了狼群的生存环境，因此，有些遗传基因被强烈抑制，当他们重返人类社会时，恢复人的习性和智能是相当困难的。

基因表达受环境诱导的现象最初是在微生物中发现的。人们发现，在体外培养大肠杆菌时，如果供给它们葡萄糖，它们便以葡萄糖为营养，正常繁殖和生长。这时候，如果检测它们体内的酶，会发现没有半乳糖苷酶。如果把营养中的葡萄糖换成乳糖，大肠杆菌将会怎样呢？要么不吃不喝，一死了之；要么赶快换"食谱"，将乳糖作为营养品。可大肠杆菌本来体

图68

内没有半乳糖苷酶，看来似乎不能吸收乳糖（图68）。但实际上，大肠杆菌有半乳糖苷酶的基因，只是处在关闭状态。在这种情况下，有的大肠杆菌半乳糖苷酶的基因"感觉"到情况不妙，便从"休眠状态"中苏醒过来，开始转而吸收乳糖，进行正常生长和繁殖了。

所以，遗传基因可以在一定的条件下被抑制，也可以在一定的条件下被诱导。环境对基因的影响是不能忽视的，可以说是基因和环境共同决定着我们的命运。

惊异的变异现象

有这样一种变异现象：有少数"调皮"的基因会发生跳动。在人们的想象中，基因在染色体上的位置应该是固定不变的，但是事实上，它们非常活泼，可以在同一染色体上跳来跳去，也可以在染色体之间跳来跳去，这种基因中的"流浪者"被叫做"转座子"。

这种现象是首先由美国女科学家麦克琳托克正确地加以解释的。所谓的"玉米夫人"，就是人们对这位终身未嫁，一辈子与玉米打交道的女科学家的尊称。1983年，麦克琳托克81岁时，荣获了诺贝尔生理学和医学奖。

1902年，麦克琳托克生于美国哈特福德。1919年考入康奈尔大学主攻植物学，毕业后从事植物遗传学的研究工作。1944年，由于她工作出色，被选为美国科学院院士，成为该院的第三位女院士。

麦克琳托克之所以获得诺贝尔奖，就是因为她在玉米的杂交试验中首先发现了"跳跃基因"。

根据不同的功能，基因可以分为几类。有的基因决定蛋白质中氨基酸的排列顺序，这类基因称为结构基因。例如玉米粒的颜色就是由染色体的结构基因决定的。

麦克琳托克在对玉米粒复杂的色彩变化研究中发现，使玉米粒着色（图69）的基因在某一特定代上会"拉断"，这时的玉米粒就没有了原来的颜色。但经过几代的生长后，又会在某一代的染色体上重新出现，使结出的玉米粒的颜色发生变化，这说明原来"拉断"的基因又被"接上"了，如同基因从一代跳到另一代去似的。所以，她把这种基因叫做"跳跃基因"。

图69

麦克琳托克进一步研究还发现，控制色泽的基因又被两个因子所控制，一个是分化变异因子，一个是活化因子。当分化变异因子跳跃到色泽基因附近时，就会使结构基因受到抑制，不能形成色素，这时长出来的玉米粒全是白色的（图70）。如果分化变异因子在活化因子的控制下，从结构基因附近跳到了别处，那时结构基因的功能便恢复了，玉米便可长出有颜色的玉米粒来。

图70

早在1951年，麦克琳托克就发表了论文，表述了自己在这一研究领域获得的发现，但许多同行都说她是一个"怪人"、"百分之百的疯子"，认为她的结论是错误的。因为当时比较流行的观点，认为结构基因是稳定的，不容易发生变化。而麦克琳托克提出她发现了跳跃基因，无疑与这个传统的观点相悖。所以，在那个年代，虽然麦克琳托克将她的论文发表了，但并没有引起人们的重视。

直到几十年之后，随着基因重组技术的问世，科学家才证明基因的确可以"跳跃"、会"迁移"。人们发现，转因子不仅在一些植物中存在，在人体内也存在。它的存在，使基因组合出现更为复杂的情况，也为生物的多样性增添了更多的色彩。

人们这才想起20世纪50年代已有结论的麦克琳托克。可是这已经是

20世纪70年代末的事了。到了1983年，也就是麦克琳托克发表论文32年之后，由于她在遗传研究方面的这一卓越贡献，才把这一年度的诺贝尔生理学和医学奖授给她。此时的麦克琳托克已经是一位81岁的老人了。虽说这是迟到的诺贝尔奖，但她毕竟为科学界所承认，也算是一件令人欣慰的事。人们不会忘记"玉米夫人"的功绩。

生物界的"号令"枪声

运动场的跑道上，运动员们各就各位。

"砰——"随着一声响亮的发令枪声，运动员们如同离弦的箭，争先恐后地向前冲刺，旁边的人们齐声呐喊助威。

这是人们所熟悉的比赛（图71）场景。可是，你知道吗，生物界也有"发令枪"呢！

你想过没有，既然我们身体的所有细胞中都存在相同遗传基因，为什么却长出了不同的器官和组织？为什么男孩子到了十几岁的时候，才开始长胡须，嗓音也开始变粗？而女孩子到了十几岁时，乳房开始隆起，随后有月经出现？既然控制男女性征的基因一直存在于人的细胞中，为什么不在婴幼儿时就显现呢？

自然界中诸如此类的现象启示科学家：在生物体内，一定有一把神奇的"发令枪"，命令生物体，现在该做什么，不该做什么。

正当克里克等科学家加紧破译遗传密码的时候，另一支重要的研究力量——法国巴黎巴斯德研究所的研究人

图71

员正在发挥他们的强项，从大肠杆菌的遗传表现中寻找"发令枪"。最初他们发现生物体内一个完整的遗传基因是由几个功能明确的区域构成的，基因之间并非独立行事，而是互相协调。

　　大肠杆菌（图72）属于原核生物，遗传背景比较简单。遗传学家们的许多启示都来自于大肠杆菌。在大肠杆菌的人工培养中，要添加乳糖等营养物质。科学家们则可以趁机观察这些小东西的代谢过程。

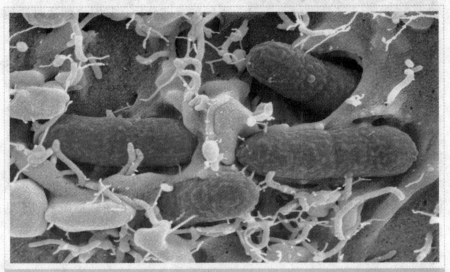

图 72

　　生物的代谢过程是由一系列的特殊蛋白质——酶控制的。巴斯德研究所的研究人员发现，大肠杆菌的乳酸代谢过程中，有三种酶参与了全部的行动。而这三种酶是由一个基因家庭控制的。家庭中的成员各有分工，比如有负责盖房子的结构基因；有负责指挥行动开始的起始基因；还有协调内部关系的调节基因，像火车调度员一样，专门负责基因的开和关。植物到什么时候该开花了，开花的基因便被打开了。人也是一样，男孩到了十几岁，负责雄性激素的基因被打开了，好比那发令枪"砰"的一响，胡须才开始出现。

　　一种生物的整套遗传密码，好比一本密码字典，生物的每个细胞都含在这本字典内。非常有趣的是，这本密码字典在每个细胞中并不全部同时译出应用，就像我们写一篇文章时，字典中的字不会全用到一样，而是"各

图 73

取所需"，不同细胞选用自己需要的密码加以转录和翻译。

这就是说，细胞中的大多数基因在多数时候都是关闭着的。只有在合适年龄、合适的时间，才发挥作用。人体在发育的胚胎期，随着细胞朝着不同的方向分化，基因也就适时适地地开启。该长鼻子了，管鼻子的基因就开启了；同样，该长眼睛了，长眼睛的基因就苏醒了。当然，在正常情况下，基因在不该开启的时候是不会开启的。一株玉米的全部细胞中都有发育成雌花丝（图73）的基因，但是雌花丝不会在根、茎、叶上长出来，只有伴随着子房的出现，它才会在子房的顶端"冒"出来。长长的雌花丝就是花粉管输送精子的通道，如果雌花丝长在根部，精子远道而来却不见卵子与它"会合"，岂不是冤枉吗？

我们说遗传基因神秘，其实最神秘的是基因的开和关。这大概也是大自然给我们人类提出的一个难题吧。科学家已经了解了一些基因开关的规律，但还很肤浅。如果把生物的所有基因开关问题搞清楚了，人类控制自然、保护自己的能力将大大增强。

狼孩的故事

大量的研究事实证明，基因并不能决定一切，基因的表达可能受到环境因素的影响，更确切地说，是基因和环境共同决定着我们的命运。

比如，我们国家的运动员（图74）在参加重要比赛之前，通常要到高原地区进行锻炼。那是因为，到了高原地区，人体由于缺氧，会加快血红蛋白和红细胞的生成，以帮助氧气的运输。血红蛋白和红细胞总量可以增加10%以上，大大提高了运动员的运动能力。

图74

其实，基因可被环境诱导的现象最初是在微生物中发现的。

在体外培养大肠杆菌时，人们发现，如果供给它们葡萄糖，它们便以葡萄糖为营养，正常繁殖和生长。这时候，它们体内并没有半乳糖苷酶。如果把营养中的葡萄糖换成乳糖，大肠杆菌面临的是什么呢？要么不吃不喝，一死了之；要么赶快换"食谱"，学会把乳糖作为营养品。可大肠杆菌体内本来没有半乳糖苷酶，看来似乎不能吸收乳糖。不过没关系，大肠杆菌里的半乳糖苷酶的基因只是处于关闭状态。在这种情况下，大肠杆菌半乳糖苷酶的基因"感觉到"情况不妙，不能再睡大觉了，便从休眠状态下苏醒过来，开始乐滋滋地吸收乳糖，大肠杆菌正常的生长和繁殖才得以继续。

你听说过著名的狼孩的故事吗？这个故事能更好的帮助我们理解基因和环境的关系。

1996年，美国的新闻媒体广泛报道了一起感人事件，一个叫伊莎贝尔的狼女（图75），重归山林，去寻找抚养她长大的"狼母"。伊莎贝尔曾与狼共同生活了近10年，除了还保留人的外形外，在很多特性上更像狼。她可以像狼一样用四肢奔跑；像狼一

图75

样生吞活剥、撕咬食物；像狼一样嚎叫；用狼的语言呼朋引伴、呼救求援。刚刚返回人间的时候，她不会说话，不习惯像人一样直立行走，她的智力水平连两岁的婴儿都不如。

人类的婴儿，由于某种缘故被雌性野兽叼走，作为自己的幼仔哺养，这就是狼孩出现的原因。婴儿在兽群中与小兽一起生长，渐渐失去人性，生存习性变得和那些与她共同生活的野兽一模一样了。

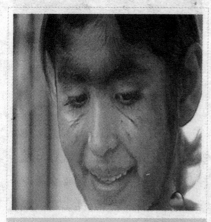

图 76

在 1920 年，人类首次发现了狼孩（图 76）。当时，在印度米德尔纳波尔城附近的森林里，一名二、三岁和一名七、八岁的女狼孩被同时发现。以后的几十年里，人类又陆续发现了数十名狼孩。这些狼孩被发现后，多数虽经反复训练也难以恢复正常人的生活，最终也只是早早地死去。

如何让一名狼孩重新"变回"人类？美国有关部门决定以伊莎贝尔为对象，实施一项人类有史以来最伟大的心理改造，让狼孩能够"重返人间"。

对伊莎贝尔的心理和行为的彻底矫正，由美国著名的心理学家柯克博士领导的实验小组负责。从改变她的饮食习惯开始，到教她穿衣，心理学家们倾注了大量的心血，不管遇到多么大的困难，也从没有放弃过。经过近 20 年不懈的努力，奇迹终于渐渐出现了，伊莎贝尔的行为、习惯、生活方式和思想感情都慢慢地变得像人一样了，最后，连最困难的语言关也渐渐攻克，她终于学会了人类的语言。

幸运的伊莎贝尔已经完全恢复了人的本能，可以像正常人一样生活、工作了。后来，她同哥伦比亚大学毕业生爱德华恋爱并结婚，彻底告别了狼的生活。

狼孩的故事说明，人类固有的遗传本能可以因环境被抑制，也可以被环境诱导而重新恢复。遗传基因的表达会受到环境因素的影响。

图 77

　　只有在适宜的环境下，遗传基因才能获得正常的表达。狼孩一般都是在很小的时候就脱离了人的生活，融入了狼群（图 77）的生存环境，有些基因或者迟缓表达，或者永远被抑制，所以他们和正常人远不一样。

冒险基因

　　在美国曾一度备受推崇的肯尼迪家族，有一种传统性冒险精神，勇于从事"冲动、冒险和拼命"活动。1969 年 7 月 18 日，爱德华·肯尼迪在一场酒宴之后，驾车坠桥，使同车的年轻女助理柯普珍溺死在车中。约瑟夫·肯尼迪在 1973 年因车祸造成车内一名女乘客终生瘫痪。1984 年，大卫·肯尼迪在度假时，吸毒过量暴毙。麦克·肯尼迪曾与家中未成年小保姆有染，1997 年 12 月 31 日在科罗拉多州阿斯朋滑雪场意外丧生。后来，小约翰·肯尼迪驾驶飞机一头栽进海中。这个著名家族为何如此多灾多难？对此，以

解密生命密码

色列遗传学家提出一个新见解：肯尼迪家族的悲剧并非命运所致，而是由一种"冒险基因"造成的。

长期以来，人们一直认为人的性格是由自身经历和周围环境决定的。俗语"近朱者赤，近墨者黑"指的就是这个道理。然而，最新的科学证据表明，有些人敢冒风险，追求新奇，至少有一部分原因是他们身上的遗传基因与众不同。

图78

研究发现，人的性格确实和遗传基因有关。世界上有一些人喜欢"寻求新奇"。他们的典型性格是，总想从事一种充满惊奇和风险的运动，如高空钢丝（图78）、跳伞、冲浪、滑冰等。在日常生活中，有的人经常重新安排自己房间的家具以求新鲜，有的人渴望"跳槽"，从一种工作岗位换到另一种新的工作岗位。他们为什么敢于冒险，追求新奇？形成这样性格的生理机制和过程又是什么？

在1996年初，出版的一期美国《自然遗传学》杂志上，发表了两份研究报告，一份是一群志愿者的问卷式性格调查，另一份是对他们血液进行的基因分析。这两份研究报告，分别是由美国国家癌症研究所所长海姆带领的研究小组与以色列赫兹格纪念医院的理查德·艾泼斯坦博士为首的研究小组提出的。他们指出，那些富有冒险精神和容易兴奋的人，其大脑中的 D4DR 基因，比起那些较为冷漠和沉默的人来讲，结构更长。以色列研究小组对 124 个志愿者进行了问卷式调查，美国对315个志愿者进行了问卷式调查。他们向被调查者询问了诸如"有时你是否出自兴奋和冲动去干某件事"等问题，并得出结论，D4DR较长的人在追求新奇上，要比D4DR基因较短的人高出一个等级。

这是因为人体中的D4DR基因含有遗传指令，能够在大脑中构成许多受体。这些受体分布在人的神经元表面，接受一种叫做多巴胺的化学物质。这种物质会持续地激起人们敢于冒险、寻求新奇的欲望。

图79

为了验证上述结论，美国麦吉尔大学教授米勒做了这样的实验：他把新出生的幼鼠（图79）分开15分钟，继而在一天中对它们施加6小时的外部压力。结果发现，幼鼠大脑化学物的受体和调节受体的D4DR基因都发生了变化。他说，那些受到外部压力的幼鼠就像具有较多受体的小狗一样成熟，并有产生过多压力激素的趋向。正常发育成熟的老鼠在受压时通常是不会产生过多激素的。显然，幼时的心理感受，即生理和遗传作用的初期，决定着动物产生"寻求新奇"的大脑受体的多少。

科学家们还发现，D4DR基因有调节多巴胺的功能。多巴胺在人脑中起到化学信使的作用，可使人产生情感（图80）和欢乐。较大的基因可形成较长的受体，较长的受体不知不觉会引起人脑中多巴胺的感应，从而使人想要蹦跳、冲动，敢于冒险。

图 80

人们常说，"江山易改，本性难移"，"种瓜得瓜，种豆得豆"。这是说任何生物都能把自己的一些特性遗传给后代。人的性格遗传也是这样。科学家经过多年研究，终于搞清楚，影响人的性格的 D4DR 遗传基因有着不同的形式。

其中，一种比较长，由 7 个重复的 DNA 结构序列组成；另一种比较短，只有 4 个重复的 DNA 结构序列。D4DR 基因较长的人，在敢于冒险、追求新奇方面的得分较高。这些人容易兴奋，善变，激动，性情急躁，喜欢冒险，比较大方。D4DR 基因较短的人得分较低。他们比较喜欢思考，忠实，温和，个性拘谨，恬淡寡欲，并注意节俭。即使出生才两周的新生儿，若带有较长的这种基因，对外界的事物也会显示出异常的警觉和好奇。遗传对人的性格的确有不可忽视的影响。

这是人类首次把一些人的性格特征与一个具体的基因明确地联系在一起。

在过去的研究中，人们用基因来解释和治疗遗传疾病，却不能用基因来解释和判定人的性格和气质。现在，新发现的基因可决定人的复杂性格，那么将来科学家可以通过控制基因来转变人的性格和气质，甚至还可能会造出具有某种性格的新人来。

随着分子生物学的发展，人们最终将能精密地绘出显示身高、体重、情感、性格等人体特征的遗传基因图，并能运用生物和医学的手段来控制人的感情，重塑人的性格，改变人的行为。正如纽约大学的尼尔坎教授所说的："新发现的基因，促使一种全新遗传学的诞生，即遗传学不仅能够控制疾病，而且可以在特定的范围内解释人的性格和行为，它有着如此巨大的感染力，可让你对人们身上发生的每一件事从单一的生物学的角度来找出原因。"

图 81

不过，遗传对人性格的影响毕竟还是有限的。大量试验数据表明，D4DR 遗传基因的长短对一个人是否喜欢坐过山车（图 81）等冒险行为的影响只有 10%。研究人员还设想了另外四五个与多巴胺有关的遗传基因。但是，华盛顿大学的心理学家克洛林格认为，任何种类的遗传基因对追求新奇者的性格影响 5%。不同的社会环境和场所对同一种类型的人，能产生完全不同的结果。人的性格、行为就像人的气质一样，最终还是主要靠后天的培养和机会。有些 D4DR 遗传基因较长的寻求新奇者可以成为一个连续作案的杀人犯，但是在战场上，他也可能成为战斗英雄。

图82

总之，科学家们相信，大多数人的个性（图82）特征是先天和后天两种因素共同影响下形成的，培养良好的性格要从家庭做起，家庭和睦和父母的爱护是孩子们性格健康的基石，只有在良好家庭环境下成长起来的人，才会有良好的性格。巴甫洛夫说得好："性格是天生与后生的合金，性格受于祖代的遗传，在现实生活中又不断改变、完善。"

Part 4
探寻基因之谜

　　基因数目非常之多，它所肩负的"责任"涉及到人类生长、发育、疾病、衰老、特性等一系列重要事件。因此，早在1984年世界不少著名科学家便提出，要将人类细胞全部DNA的排列顺序、功能及作用方式搞清楚。科学家们将此工作称为"人类基因组作图与测序"，或者称为"人类基因组计划"。显然这是十分复杂与艰巨的工作，科学家们希望通过这项研究，寻求让人们过上更好生活的方法！

引人深思的猜想

遗传的奥秘和其它一切科学一样，被大自然禁闭在秘室里，人们为了探寻它的根源，走过了荆棘丛生的漫长道路。

很早以前，人们就已经认识到：许多生物，无论是飞禽走兽，还是花草树木，包括人在内，多是通过有性生殖繁衍后代的。父母亲结合产生子代，子代又产生孙代，子子孙孙繁衍不已。那么，父母亲这一代是将什么东西传给下一代的呢？其实，前、后代惟一的联系"桥梁"是生殖细胞。于是有人便在生殖细胞（图83）里大做文章，在17世纪流传的一种说法，叫"预成论"，其中有两派：一派是"精源论"，另一派是"卵源论"。他们认为在生殖细胞里上帝预先放了一个小人，在发育过程中，这个小人越长越大才成了大人。那么，上帝是将这个小人放在精子里，还是放在卵子里呢？两派争论不休。卵

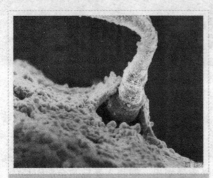

图83

源论者认为有的人早就存在于夏娃（上帝造的女人）的卵巢里了。精源论者相反，有一位叫哈特索克的学者曾在精子里画了一幅非常有名的微型小人的草图，在精子的椭圆形头部生着一个有手有脚、有身有头的小人，但没有五官，脑袋是一颗星星。他们认为，后代的身体来自于精子。很显然，上面不论是哪一派说法，都是不科学的，它们都是唯心主义神创论的说法。其实，通过显微镜的观察，我们在生殖细胞里看不到眼、耳、舌、身，也看不到根、茎、叶（图84）、花、果。这说明生物的具体性状不是直接遗传的。那么，究竟父母是把什么东西传给了子女，使子女长成后像父母呢？

19世纪以前，曾普遍流行一种"血统"融合的观念，认为父母亲给下一代的是"血液"或"生殖液的混合物"。因此，把从双亲结合产生子代的遗传现象叫"血统"，把亲子之间的关系叫做"血缘关系"，把杂种叫"混血儿"，把杂交看成是两个血统的混合。按照这种说法，父母亲的两种不同性状，好像两杯不同溶液一样，在子代里混合或融合。例如，将父本比作一杯墨水，母本比作一杯清水，子代将成为一杯

图84

淡墨水。这就是说两种不同的性状，杂交后融合为一，杂交便减少了变异性。照此说来，黑色与白色个体杂交，第一代应为灰色，第二代应为淡灰色，如此不消几代，这个新生的个体颜色将在群体内完全消失。显然这不是事实，这样下去变异岂不有减无增，生物只得退化，当然也就不会有生物进化发展的今天。所以，血统融合的观点也是不科学的，是与生物进化的观念背道而驰的。那么，究竟父母是把什么东西传给子女，使子女长得像父母呢？

伟大的生物学家、进化论的创始人英国学者达尔文提出了一个新见解，他将遗传的研究从神学的桎梏中解救了出来。

达尔文的发现

1809年，达尔文（图85）出生于英国鲁兹巴利城的一个富有的医生家庭。在幼年时，达尔文的智力并不超常，用他自己的话来说："我是一个很平庸的孩子，远在普通人的智力水平之下。"但达尔文很有个性，与他的兄

图 85

弟姐妹不同，达尔文从小就喜欢搜集贝壳、鸟卵和植物等各种各样的东西，并且爱好骑马、钓鱼、养狗和旅游。达尔文称他自己"在许多方面都是一个顽皮的孩子"。然而，正是这种天赋的本性培养了他对大自然的热爱和敏锐的观察能力，并导致他对自然科学的热爱，以至于他把科学工作看做是他一生中的主要享受和惟一的职业。除了科学以外，达尔文还喜欢阅读各种书籍。1825 年，他父亲送他去爱丁堡大学学医，但他对背诵枯燥的医学课程不感兴趣。只不过这一时期他曾对大海里的动物进行了一些观察，曾到威尔士旅行、打猎和收集标本（图 86）。两年以后，当他父亲明白医生的前途不能引起达尔文的爱好，便让他离开了爱丁堡，而去剑桥大学学习神学。然而，达尔文对神学也不感兴趣，但在剑桥大学从一些知名教授那里达尔文学到了许多有关博物学方面的知识，并且在一些书籍的影响下，点燃起想在自然科学的宏伟大厦中奉献自己的强烈愿望。达尔文毕业后，1831 年是他一生中最难忘的一年。这一年，经剑桥大学植物学教授亨斯洛的介绍，达尔文以一个自然科学家的身份搭上了去南美考察的"贝格尔"军舰，完成了长达 5 年的环球旅行。这 5 年的旅行生活成为了达尔文的真正学校。正如达尔文本人所说的那样："贝格尔号航行，算是我生平最重要的事件，它决定了我的整个生涯。"在贝格尔号航行过程中，达尔文经常

图 86

利用停泊的时机，上岸深入腹地游历，进行地质和动植物考察，发掘古生物，采集当地有代表性的动植物。这使达尔文得到了丰富的自然界知识和材料。他发现许多事实都跟在神学院学习的"生物是上帝创造的，而且是永恒不变"的观点相矛盾，从而使他奠定了生物可变的进化论思想。例如，他在加拉

图 87

巴哥斯群岛上考察时，发现各个小岛上的鸟、蜥蜴（图87）和龟等既跟美洲大陆上的物种十分相似，而又是加拉巴哥斯群岛上所特有的类型，各有其不同的特点。他认为这些动物显然是从大陆迁移到了海岛，由于岛上自然条件的特殊性，因而又获得了各自的特点。这些生动而丰富的观察材料，使达尔文找到了物种可变性的真正原因。

达尔文在旅行过程中，遇到的这些无可争辩的事实，使他对自然界的看法发生了根本的改变。从此，他由一个神创论的忠实信徒，转变成为了一个生物进化论者。回到英国以后，达尔文便开始整理他旅途的研究，并大量收集材料，经常访问畜牧场和园艺场的情况，了解家养动物新品种的选育工作。他自己还养了许多鸽子，并参加了养鸽学会。1839年，达尔文发表了他的《航行日记》，获得很大成功。1842年，达尔文开始撰写他的伟大著作《物种起源》，并于1859年发表。达尔文在这部著作中描述了大量的变异现象，并用人工条件下的变异为基础，阐述了生物进化过程中自然选择所起的推动作用。达尔文对于生物发展规律所做的科学解释，击破了生物发展是由"神的力量"引起的荒唐谬论，对生物学领域中的唯心主义和神创论的观点给予了致命的打击。达尔文进化论的诞生在生物科学发展史上具有划时代的意义，是生物科学发展步入科学轨道的里程碑。

任何事物开始总是很难十全十美，达尔文的进化论也不例外，在这幢新建的生物进化论大厦里还有许多地方需要填补，它离完善还有很长一段路要走。达尔文的进化论在解放了人们思想的同时，也留下了几个很棘手的问题。尤其是生物性状遗传变异的物质基础是什么？什么是遗传物质？

遗传物质是如何发挥作用的？这些问题不解决，就无法从根本上驳倒"上帝特创论"和"物种不变论"的观点。

　　在 19 世纪中叶，当人们对达尔文的进化论激动不已、争论不休时，一个伟大的发现被忽略了。

细菌和病毒的功劳

　　摩尔根的研究工作说明，基因负责性状的遗传，他们存在于细胞核的染色体上。那么，基因是由什么物质组成的呢？这个问题的解决可不简单，它经历了一条艰难曲折的道路。科学家们通过对染色体化学成分的分析，

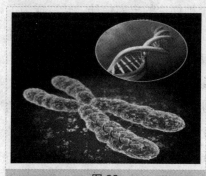

图88

了解到染色体（图88）是由蛋白质和核酸组成的。然而，二者究竟谁是组成基因的物质成分呢？

　　从很早的时候起，人们就认识到蛋白质在生命活动中的重要作用。科学家们发现，构成生物体的成分当中，大部分物质是各种各样的蛋白质，而生命活动的新陈代谢过程中更是都需

要一种特殊的蛋白质——酶的催化作用。人们还发现，调节生命活动的许多激素也是蛋白质。难怪伟大的导师恩格斯说：没有蛋白质就没有生命。于是，在探索遗传奥秘的进程中，科学家们很自然地便把寻找遗传物质的目光，首先投向了蛋白质。而蛋白质也真像遗传物质，你看！蛋白质是由许多氨基酸分子相互连接而成的高分子化合物，它像一列很长的火车，由许多车厢组成，每一节车厢就可以看做是一个氨基酸分子。由于组成每种蛋白质分子的氨基酸种类不同，数目成千上万，排列的顺序变化多端，形

成的空间结构更是千差万别，因此，蛋白质结构的多种多样，正好可以说明构成生物的多样性。但是，非常遗憾的是，经过许多科学家的研究证明，蛋白质并不能"复制"，它不能由蛋白质生成相同的蛋白质，也就是说，蛋白质不符合遗传物质能传种接代的基本条件，于是想证明蛋白质是遗传物质的尝试最终失败了。有趣的是，这个长期令人困惑不解的问题，后来在小小的微生物的帮助下解决了。科学家们借助于对细菌和病毒的研究，终于揭开了其中的奥秘。人们终于发现，原来核酸就是生命的遗传物质，是基因的组成成分。

图89

大家都知道，世界上最简单的生命莫过于病毒（图89）了。它们是寄生在细胞里面的一种"寄生虫"。有一种叫噬菌体的病毒，是一种专门吃细菌的病毒，它的样子很像蝌蚪，但比蝌蚪小得多，是肉眼看不见的，只有在放大几万倍的电子显微镜下，才能见到它的真面目。噬菌体有一个六角形的头和中空的"尾巴"，头的外壳是由蛋白质构成的，里面含有一种核酸，叫脱氧核糖核酸（图90），

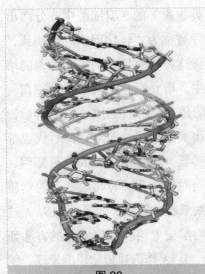

图90

也就是DNA。这种在空气中如同"尘埃"的微小生物，繁衍的方法非常奇特。当它们接触到细菌后，首先吸附在细菌上，然后像"注射器"一样，通过尾部把DNA注射到细菌中，蛋白质外壳则留在细菌外面。进入细菌内的DNA神通广大，它像孙悟空大闹天宫似的，会把细菌原有的正常生命活动，闹个天翻地覆，使细菌完全置于它的控制之下，为合成自己的核酸和蛋白质服务，这些核酸和蛋白质组装起来便装配成了许多病毒，破壁

而出，然后再去侵染其他细菌。由此看来，病毒的传种接代，靠的不是蛋白质而是DNA，这就说明DNA是噬菌体的遗传物质。

DNA是生命的遗传物质，还有一个非常有力的证据。那是在1928年，英国有位叫格里费斯的科学家在肺炎双球菌中发现了一个非常奇怪的现象。大家知道，肺炎双球菌有两种类型：一种是有毒的S型，它会使老鼠患肺炎而死亡；另一种是无毒的R型，不会使老鼠生病。格里费斯用高温杀死了有毒的S型细菌，再把它同活的R型无毒细菌混合起来，注射到老鼠体内。按理说，有毒的细菌已被杀死，活的细菌又无毒性，老鼠不应该得病了，但出乎意料，有些老鼠竟得病死了。于是，格里费斯对死鼠进行解剖、化验。结果发现，死老鼠的血液里有许多活的S型有毒的肺炎双球菌。这些"神出鬼没"的有毒病菌是从哪里来的？为什么死菌能"复活"呢？为什么无毒的R型活菌转变成了有毒的S型活菌？格里费斯认为，加热杀死的致病性的S型菌中，一定有一种物质可以进入到不致病的R型菌中，从而改变R型菌的遗传性状，使其变成了S型的致病双球菌。他的这种推测，直到1944年由于法国的科学家艾弗利等人的出色工作，才终于揭开了这其中的奥秘。

在实验中，艾弗利等科学家从有荚膜（图91）（即细菌外面包着的一层糖类物质）的S型细菌中，分离出了一种被称为"转化因素"的物质，他们将这种物质加入到培养细菌的培养基中，培养没有荚膜的R型细菌。奇怪的是，无荚膜R型细菌经培养后，竟长出荚膜来了，而且它的后代也都有了荚膜。经化学成分的分析证明，这种当时被称为"转化因素"的物质就是脱氧核糖核酸，也就是DNA。这是生物学史上第一次用实验的方法证实了核酸是遗传物质，是基因的组成成分。DNA作为遗传物质的发现，使遗传学的研究进入了一个新阶段。

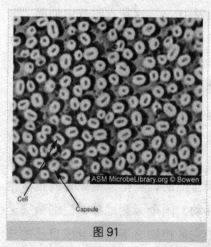

图91

Part 5
基因与人类社会

随着人类基因组逐渐被破译，一张生命之图将被绘就，人们的生活也将发生巨大变化。基因药物已经走进人们的生活，利用基因治疗更多的疾病不再是一个奢望。利用基因，人们可以改良果蔬品种，提高农作物的品质，更多的转基因植物和动物、食品将问世，人类可能在新世纪里培育出超级物作。通过控制人体的生化特性，人类将能够恢复或修复人体细胞和器官的功能，甚至改变人类的进化过程。

恐龙真的能复制吗

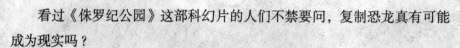

看过《侏罗纪公园》这部科幻片的人们不禁要问，复制恐龙真有可能成为现实吗？

恐龙（图92）曾经是在地球上称霸一时的生物，它的瞬间灭绝给人类带来了许多的遐想。将早已灭绝的恐龙复活，是人们的一大愿望。然而，科幻毕竟是科幻，《侏罗纪公园》中所描写的事情从科学角度讲并不可信，

图 92

因为人们不太可能从吸过恐龙血的蚊子体内获得完整的恐龙血细胞，即使获得了，也不一定能通过血细胞克隆出活的恐龙。

如果说《侏罗纪公园》作为宣传克隆技术对人类的影响还有一点科学成分的话，1997 年面世的这部影片的续集《失落的世界》中所描写的情景就近乎荒谬了：一批科学家为了经济利益，在"侏罗纪公园"关闭以后，千方百计偷取恐龙的 DNA，然后再复制出恐龙，在另一个地方开设了另一座"侏罗纪公园"。

那么，用恐龙的 DNA 能干什么呢？它可以用于科学研究。但是，仅仅有了 DNA，目前还不大可能克隆出任何有生命的东西。DNA 体积微小，操纵不易，从一段 DNA 中可能发现功能基因，但要想复原完整的生命，还需要包含这些遗传信息"软件"的相应硬件环境的支持。比如，对于哺乳动物来说，子宫的环境对于个体最后的性状表现也是有一定影响的。

最近在美国培育成功的克隆小猫的毛色，并不像它的基因妈妈，这个事实就说明了宿主细胞等环境对最终性状的影响。

图93

因此，现实中还不大可能出现"侏罗纪公园"中描写的情景。从新闻媒体中看到的有关"中国发现了恐龙蛋（图93），有朝一日天安门广场会跑着活恐龙"的话题，也还只能是人们的想象了。

因此，对于任何一项科学研究和科学发现，我们必须本着实事求是的科学态度，冷静地对待每一个细节，看待它可能给人类带来的影响。

即便如此，考古学家仍然会紧紧抓住DNA考古这条线索，人们期望通过DNA了解恐龙的热情有增无减。因此，有了对恐龙蛋化石的狂热，对侏罗纪琥珀化石的热衷。人们急切地想从恐龙DNA了解恐龙，了解它生活的那个年代。

从古到今，发掘的生物几乎是共用一套遗传密码，相同的T、A、C、G4个音符谱出了各种生命形式的乐章。因此，沧海桑田的变幻都会在T、A、C、G连成的DNA长链中留下线索和记录。如果我们能够比较古代生物与现代生物之间遗传物质的差异，就可以清晰地描绘出这张生命的历史图卷。

然而，这项工作的最大困难在于，我们所获得的古生物的样品都是化石。化石中不含有活的DNA，而是凝固的DNA，而且量非常少，不能满足常规的分子生物学分析的要求，而每一份样品都是那样珍贵，用一份就少一份，怎样解决这个问题呢？

基因扩增技术为这个问题的解决带来了曙光，这也是为什么生物进化的研究在近一二十年得以飞速发展的原因之一。

基因的复印技术

DNA 是一条长链，其中包含了很多基因。我们在研究的过程中，可能对其中某一个或几个基因感兴趣，这些基因在细胞中往往只有一个拷贝。有时，考古学家费尽艰辛得到了一点古生物 DNA，因数量少得可怜，无法

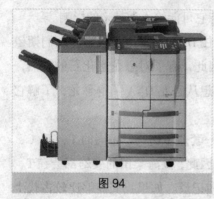

图 94

进行全面分析，只能望 DNA 兴叹：要是能有一台机器（图 94）像复印文件一样复印 DNA 该多好啊。这样的机器发明出来了吗？

在沃森和克里克发现 DNA 双螺旋结构的同时，也发现了生物体内遗传物质的复制的基本法则。科学家们发现，生物在细胞分裂过程中，伴随着

细胞的"复制"，必然有基因的复制。基因复制是一个非常重要的生命过程，没有复制，就没有生命的繁殖。

既然基因可以在体内不断地自我复制，就一定能在体外实现基因的大量增殖！科学家们希望像复印机复印文件一样，用一种基因复印机大量"复印"基因。这太重要了，因为 DNA 是肉眼看不到的分子，基因又是 DNA 上的一个片段，如果只研究一个基因，其难度可想而知。以往，要想得到大量增殖的基因，首先要把它们装到"分子运输车"上送到大肠杆菌等生物体内，借助于大肠杆菌的繁殖使基因得到扩增。要想得到复制后的基因，还要经过核酸的抽提、纯化等繁琐的步骤，操作起来实在麻烦。如果能在体外很方便地复制基因，那多好啊。

1983 年 4 月的一个晚上，年轻的美国科学家穆利斯驾车行驶在美国

北加利福尼亚一条山间小路上（图95）。车窗外飞掠而过的景象激发了他的灵感。短短3个小时的旅程，使他长期以来思考的问题得以解决，构想出了一项对人类发展影响十分重大的技术，这就是聚合酶链式反应，即PCR技术。正是由于这项技术的发明，人们最终制作出了"复印"基因的机器PCR仪。利用PCR仪，人们可以很方便地扩增自己所需要的基因片段，大大加快了人们改造基因和利用基因的步伐。

图95

现在我们只需要将提取的DNA及DNA复制所需要的其他物质混在一块，然后放到PCR仪内，设定好反应条件，我们所需要的基因就会很方便地在体外得到扩增。

这一方法的突破使分子生物学研究得以飞速前进，利用该技术可用极其微量的样品大量生产DNA分子，使生物技术又获得了一个新的工具。这项技术的问世，能使许多专家把一个稀少的DNA样品复制成千百万个，用以检测人体细胞中的艾滋病毒，诊断基因缺陷；可以在犯罪现场搜集部分血和头发，进行

图96

DNA指纹图谱（图96）的鉴定；考古学上还可以利用PCR技术研究古代生物残留下来的DNA。

穆利斯因此项贡献于1993年获得诺贝尔化学奖。

PCR 原理

  PCR 技术就是利用 DNA 作模板，在核苷酸存在下按照碱基配对原则进行 DNA 互补链的合成。妙就妙在形成 DNA 双螺旋的合成酶是一种抗高温酶。在正常温度下，合成的 DNA 为双链，当给反应液加温时，DNA 双螺旋解开，成为两条单链。降低到合适温度，这两条单链都可以作为模板，严格按照碱基配对的原则合成互补链，生成新的 DNA 分子。在这个过程当中，由于模板增加了 1 倍，工作效率就提高了 1 倍。再升高温度，使双链打开，模板又增加 1 倍，变成了 4 个，工作效率呢，当然再翻一番。就这样，PCR 仪只要严格控制温度的交替变化，就会源源不断地生产出大量较为整齐一致的复制品。

  与工厂里的产品不同的是，每次基因复制的产物既是产品，又是生产下一批产品的模板，永远是新生的以旧的为参照。因此，最后的产品基本上是整齐划一的。值得注意的是，原有的单股 DNA 链是以几何级数递增的，也就是 2，4，8，16，32，64……用不了多长时间，就可以把原本只有一份的基因样品扩增到 10 亿倍之多，这可要比一般复印机的效率高得多。

DNA 破案技术

100 多年前，英国作家柯南道尔在《海滨杂志》发表了连载小说《巴斯克维尔的猎犬》。从此，一位机智勇敢、文武双全的侦探形象出现在读者面前，出现在电影屏幕上。性格刚毅的福尔摩斯（图 97）博览群书，破案本领高超。他那双敏锐的眼睛让所有的凶手不寒而栗，他所经手的案子无不迎刃而破。神探福尔摩斯成了许多人崇拜的偶像。

然而，福尔摩斯毕竟是小说中虚构的人物。在现实生活中，特别是在福尔摩斯生活的年代，破案手段落后，恐怕再高明的神探对有些案件也是无能为力的！但如果福尔摩斯生活在今天高科技的时代，那他的破案方式可能会完全不同。

凶手为逃脱法律的制裁，会千方百计掩盖证据，不给警察留下蛛丝马迹。俗话说"天网恢恢，疏而不漏"，一般来说，人们最终总能够找到证据，将凶手绳之以法。但"道高一尺，魔高一丈"，漏网之徒也不鲜见。

图 97

全世界 60 亿人，各人有各人的指纹特点，于是指纹破案一度成为警察破案的得力助手。几十年过去了，指纹不知道帮助警察破获了多少扑朔迷离的案件，使一些蒙冤受屈的人得以昭雪，使真凶在铁的事实面前不攻自破、束手就擒。

但是，指纹鉴定实施了这么多年，罪犯早已找到了各种应对的办法。

解密生命密码

比如，在作案的时候，他们会戴上手套，或者在作案结束后，将指纹擦掉，让警察找不到任何指纹证据。这给确定疑犯增加了难度。

不过在 21 世纪的今天，警察们已经掌握了更先进的高科技破案武器，即 DNA 破案技术（图 98）。

通过罪犯在现场留下的一根毛发、几个皮肤细胞、几滴唾沫、几滴血液或几滴精液中的 DNA，便可获得犯罪的有力证据。这是根据什么道理呢？

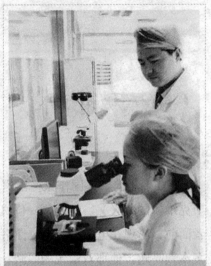

图 98

除了同卵双生（图 99）的兄弟姐妹之外，每个人之间的 DNA 都是有一定差异的。因此，每个人都携带着自己独特的 DNA "身份证"，想丢也丢不掉。DNA 分析与对照的方法与传统的指纹法一样，可以用来作为指证罪犯的证据，因此，被人们形象地

图 99

称为 "DNA 指纹法"。与传统的对比手指纹路的办法相比，"DNA 指纹法"要精确得多。从现场留下的少量毛发、皮屑、血液中提取 DNA，然后通过一些包括 PCR 技术、电泳技术在内的复杂技术过程，制成 DNA 图谱，然后从 DNA 资料库中调出事先掌握的犯罪嫌疑人的 DNA 图谱加以对比，就可以非常准确地确定或排除疑犯了。

当然，采用 "DNA 指纹法" 破案的前提是要先建立罪犯 DNA 资料库，将有犯罪记录者的 DNA 资料存入计算机数据库，以便随时进行比对。罪犯对这一招特别害怕，因为证明他们身份的最有力证据已被掌握在警方手里，如果他们再轻举妄动，很难不留下 DNA 的蛛丝马迹，很快便会重落法网。

几年以前，在我国贵州省（图 100）一个小城里发生了一起连环杀人案。

11 名女青年分别在不同的地点、不同的时间被人强暴杀害，只有一位女性从凶手手中逃出来。调查此案的警察四处收集证据，但除了在一位死者身上找到两处精液痕迹外，毫无其他线索。时间一天天过去了，案件的侦破陷入了僵局。

图 100

没想到几个月以后，案情峰回路转，那位逃出性命的女青年在大街上与凶手不期而遇，立即报警。警方迅速出动，抓获了疑犯。然而，看似文质彬彬的疑犯矢口否认曾强暴过女青年，强烈要求警方拿出更多证据。

贵州警方从犯罪嫌疑人身上采取了血样，并带上以前在受害者体内取得的凶手遗留下来的精液证据，坐车北上，到北京做了 DNA 鉴定。结果发现，他们所抓获的那位男子的 DNA 和精液中提取的 DNA 一模一样。在 DNA 指纹法面前，狡猾的凶手不得不低下头来，承认自己的滔天大罪。

自从 1988 年 DNA 指纹法这个神秘而强大的武器开始运用在司法方面后，不知道破获了多少大案要案，也逐渐被人们所接受。从此，福尔摩斯的故事将不再是一个不可企及的神话。

DNA 亲子鉴定

"山再青，水再秀，比不上家乡的山与水；情再深，意再浓，比不过骨肉血脉亲与情。"有谁不想合家团圆，与自己的生身父母在一起，又有哪个父母不想找回自己曾经丢失的孩子。

第五章 基因与人类社会

解密生命密码

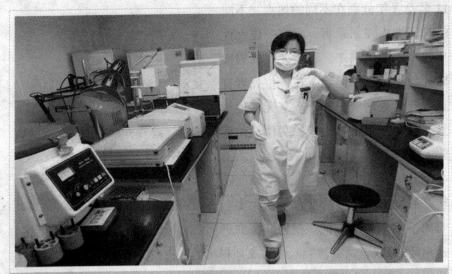

图 101

　　DNA 亲子鉴定（图 101）是基因研究献给人类的又一份神奇礼物。它解开了无数有关"父母"与"子女"之间血缘关系的疑团，给无数家庭重新带来了欢乐。当然，有时它的负面效果也不可忽视。

　　最近几年，拐卖儿童案件时有发生。当公安部门历尽艰辛将被拐儿童解救出来时，却面临着这样一个难题：许多孩子被拐时还很小，几年过去了，孩子已经长大，父母根本无法准确辨认。

　　从火车上走下来的被拐儿童，被一群群泪眼模糊、盼子心切的父母围得水泄不通。所有的父母都希望眼前的这个孩子就是自己那个一两岁大就失散的亲人。可现在这个长大了的孩子究竟是谁的孩子，是不是自己的亲生骨肉？

　　怎样解决这个难题，让失散多年的亲人最终团聚，让一个个破碎的家庭团圆？人们想到了亲子鉴定。

　　亲子鉴定是指通过对人类的遗传标记如外貌特征、皮肤纹理、血型或DNA 等的检验和分析来判断父母和子女是否具有亲缘关系，它又被叫做亲子试验。其中查血型和 DNA 检测是常用的方法。

　　在人类还没有完全掌握分子生物学技术以前，血型配对检测是进行亲子鉴定的一项有力手段。但 ABO 血型系统就只有 4 种血型类型，重复率很高，常常不能得到完全肯定的答案。血型鉴定有一定的误差，容易引起误会，说不定会使一些人蒙受不白之冤。

最好的办法是运用 DNA 指纹法确定亲子关系。

在进行 DNA 亲子鉴定的过程中，测试员先从被测试的小孩、父亲和母

图 102

亲的血液或口腔黏膜细胞中（图 102）提取出 DNA，用限制性内切酶切成一段段，然后进行电泳分离。再将分离开的 DNA 放在尼龙薄膜上，使用能够识别同一种 DNA 的探针，将相同的基因分辨出来而且将其汇聚到一起。由于被标记的 DNA 含有放射性同位素，将其压上 X 光片，一段时间后将感光照片冲洗出来，便可以通过肉眼看到 DNA 被染成黑色的条码。

因为小孩的基因一半来自父亲，一半来自母亲，所以他的基因条码的一半会与母亲的吻合，一半与父亲的吻合。

测试人员运用不同的探针，寻找出不同的 DNA 并染色影印成独特的条码。将这个过程重复几次，再将小孩的这些 DNA 条码与被测父母的相比较。如果发现所有的条码都符合上面的规律，则证明小孩与被测父母有 100% 的血缘关系。如果发现在一个或多个探针上与被测父母的 DNA 模式不符合，那么就可以 100% 排除小孩是被测父母的亲生孩子。

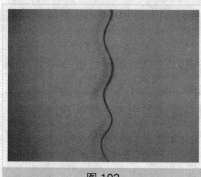

图 103

运用 DNA 技术进行亲子鉴定这一方法是目前为止最方便有效的手段。由于人体的所有细胞中都有一套相同的 DNA，所以提取 DNA 的过程非常简单，可以从血液中提取，也可以从口腔中提取，甚至还可以从人的毛发（图 103）中提取。

由于 DNA 亲子鉴定具有准确度

第五章 基因与人类社会

高、方便、高效率等特点，它正逐渐地取代其他检测手段，并受到人们的普遍欢迎。那些失散亲人的家庭可以找回自己真正的亲人，孩子也可以重新回到亲生父母的怀抱。

DNA 与考古

近年来，DNA 用于考古的例子屡见不鲜。其中最具轰动效应之一的就是关于俄国沙皇尼古拉二世一家遗骨之谜的案例了。许多媒体都进行了精彩的报道，让老百姓真正感觉到了 DNA 检测的神通广大。

图 104

1917 年 2 月，统治了俄国达 300 多年的沙皇罗曼诺夫家族永远退出了历史舞台。俄国最后一个沙皇尼古拉二世（图 104）、皇后亚历山德拉、13 岁的皇子阿列克塞以及 4 位公主被拘禁，战乱中，关押处几经变化。然而，正当人们逐渐摆脱沙皇统治的阴影，准备开始新的生活并无暇顾及沙皇一家的命运时，沙皇一家人却于 1918 年神秘地消失在叶卡捷琳堡市，并在以后的几十年内未见尸骨。

于是，种种传说也就流传开来。有的说，沙皇一家早已被布尔什维克秘密处决；也有的说，他们一家全部都逃走了；还有人说只有美丽的公主阿娜丝塔西亚一人成功逃离，或者王子也一起逃了出来。更为热闹的是，总是有人冒出来声称自己就是公主或王子，搞得人们对沙皇一家的下落更是扑朔迷离。

1989 年，在距叶卡捷琳堡 30 公里左右的公共墓地，大约发现了 1000

多块骨头，被科学家们拼接成9具较为完整的骨架，包括4男5女，估计是尼古拉二世一家的。但这些尸骨的确切数量和身份是什么？他们彼此的亲缘关系是怎样的？几位公主和王子是否包含其中？一系列谜团抛向考古工作者，也牵动着相关生物学工作者的神经。显然，传统的骨骼分析不能解决全部的问题，于是DNA鉴定专家加入了调查组。

正是这一决定，使这桩长达70多年的悬案终于大白于天下。

人们首先对9块头骨进行了DNA分析，初步结果表明，其中5人肯定有亲缘关系，3位女性是年龄较大的一男一女的女儿，而另外4人与这5人没有任何亲缘关系，这4人之间的血缘也各不相关，他们很可能是医生和侍从。

焦点集中在1男4女上，他们是不是就是沙皇夫妇和他们的女儿？如果是，他们的另一双儿女的骨骸哪里去了？现有的证据不能完全说明问题，必须找到遗骸与沙皇亲戚有血缘关系的证据。

于是，一场寻找沙皇和皇后亲戚线索的国际合作展开了。

由于亚历山德拉皇后是英女王维多利亚的外孙女，因此世界各国不乏这个家族的传人。终于，调查组得到了皇后一个外甥的合作，通过比较两者的线粒体DNA序列，初步证明了皇后的身份，但准确率并不够高，必须结合沙皇遗骨的分析进行综合认证。

科学家们获准打开了沙皇亲兄弟乔治斯的大理石棺材，取出一段头骨和一段腿骨进行DNA分析，又从沙皇用过的手帕血迹和3岁理发时留下的头发分别提取DNA，综合分析几个样品，最终令人信服地证明了沙皇的身份，从而也证明了这5具遗骨确实属于沙皇一家。

这个案例使中国人想到历史上有关秦始皇（图105）、乾隆等的身世之谜。如果找到他们的后人与其遗骨进行DNA比对，也应该可以破解这些枯骨之谜。看来，DNA考古真是"前途无量"。

图105

解密生命密码

转基因食品的奥秘

你听说过转基因食品吗？未来的某一天，当你走在苹果园口渴了，顺手摘一个红彤彤的苹果轻轻咬一口，满嘴酸甜的果汁里溢出一股淡淡的乳香；当你从田里采摘一些马铃薯回去准备煮一煮吃，会发现马铃薯带有牛肉的味

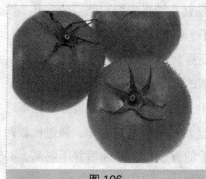

图 106

道，于是马上改红烧；有一天你还会发现，西红柿（图 106）变得和茄子一样大……这些奇迹只有转基因技术能够创造，转基因食品将会走入我们的生活。

科学家发现基因以后，便千方百计利用它为人类服务，基因工程技术也就应运而生了。其实，基因就像生产蛋糕的模板，是生物个体组成部分的组件。只要有一块模板和生产蛋糕的一些配料，如奶油、鸡蛋、面粉等，就可以生产出外形、味道一模一样的蛋糕了。而我们只要按照基因图谱，并提供必需的物质（包括有机物和无机物），就可以制出基因所指定的模样的东西来。按照这个原理，利用切割、拼接基因的技术，把一种生物的基因提取并克隆出来，转移到另外一种生物上，便可以人为改变这种生物的基因图谱，得到新的性状。

图 107

按照人们设计好的基因蓝图，利用分子生物学手段，将某些生物的一个或几个基因转移到需要改造的动植

物体内，使其出现原来不具有的性状或产物，就出产出了转基因动植物。以它们为原料加工生产的食品，就是转基因食品（图107）。当然，我们需要的是产量高、营养丰富和味道不错又安全可靠的转基因食品。

通过高明的基因工程技术，科学家们能够创造许多靠传统农业技术（比如说杂交技术）无法实现的奇迹，因为基因工程技术可以打破物种间的界限，使基因在动物、植物、微生物甚至人之间"搬家"，所以，在猪体内挤出人奶、得到抗感冒的苹果、在沙漠上种小麦这样的事情都有可能成为现实。

有了转基因食品，我们的生活将会发生有趣的变化，比如素食主义者也可以每天品尝牛肉的味道，预防结核病也不用注射卡介苗，而只要吃一个防结核的香蕉就行了。

现在，人们对转基因食品已经不再像几年以前那样陌生了。我们常常能够听到诸如转基因玉米、转基因大豆、转基因油菜等等经过基因改良的农作物。转基因鱼、转基因猪和鸡等也已经面世。说不定在不久的将来，含有动物脂肪的蔬菜和能够为人体提供大量充足维生素的水果，将占据我们的餐桌，人们不必花很多时间就可以享受到营养丰富的午餐，一种转基因食品就可以补充你一天所需的营养！

转基因食品的出现，为社会生产、生活带来了很大的变化。首先，利用转基因技术，农业的发展上了一个新台阶。由于基因的改良，农作物受到各种害虫的威胁减少了，杀虫剂的使用也随之减少，这对食品的安全性和环境保护带来了很大的益处。优良品种产量的增加大大促进了农业经济的发展，将会使发展中国家，特别是我国这样人口众多的农业大国受益无穷。

据2002年最新统计，全球转基因作物已达120多种，种植面积超过

图108

4400万公顷。主要的转基因作物有抗除草剂大豆（图108）、抗除草剂玉米、耐除草剂双低油菜以及抗除草剂棉花等。如今，转基因作物在世界各国越来越普遍，也逐渐受到了各国政府和消费者们的接受和支持。

在我国，人们也许还没有感受到转基因食品的咄咄逼人之势。但是，美国的情况可就大不一样了。在美国，约有70%以上的加工食品都是以转基因农作物为原料的，其中尤以面包、果酱、饼干、干酪、糖果等为主。美国居民几乎全部食用过转基因食品。

转基因食品的安全性

"安全施工"、"安全行车"、"安全用电"等等有关安全的标语、广告，在城市和乡村的大街小巷随处可见。而"寒从脚起，病从口入"的古训让人们尤其注重食品的安全问题。但是，世界上没有绝对安全的食物，当然也包括转基因食品在内。

关于转基因食品的安全性，全世界正进行着一场大辩论。可以说，转基因食品诞生以来最大的事件，便是发生在1999年关于其安全性的世界范围的大辩论。由此，基因改造食品的命运开始变得曲折不平，这场大辩论的影响直到今天还余波未平。

图109

引发这场大辩论的是1998年8月10日英国的一个电视节目。英国罗维特研究所的一位生物学家在该节目上宣布：用被基因改造的土豆（图109）喂老鼠，结果老鼠食用后引起器官生长异常，体重和器官重量减轻，并且免疫系统遭受破坏。电视播出后，在英国引起轩然大波，人们对基因改造食品产生极度恐慌，尽管这位生物学家供职的罗维特研究所很快发布新闻，称这位专家未经出版的研究成果是混淆和错误的，但仍然打消不了人们心中的顾虑。

1999 年 2 月，14 个国家的 20 名科学家在研究了这位专家的报告后，呼吁进行转基因改造生物的潜在危害的研究，在此之前暂停转基因作物的种植。迫于公众压力，英国规定，比萨饼等外卖快餐必须标明食品中是否有基因改造成分，否则将处以高达 5000 英镑的罚款。英国 2.6 万所中小学校的学生、150 万名地方政府工作人员以及数以万计的老年人，将不再食用转基因土豆等改造了的基因食品。英国地方政府协会决定，今后 5 年内英格兰和威尔士所有的中小学、医院、地方政府餐厅和养老院等的食谱，必须去除一切经过基因改造生产的食品。

风波很快波及到世界各地。世界最大的基因工程公司孟山都公司在印度的两块实验基地被焚烧。美国两大婴儿食品公司宣布不再采用基因改造的食品原料……

"基因改造食品是否威胁人类健康"成了大家最热门的话题。

转基因食品的出现，虽然给社会经济带来了巨大效益，同时也引起人们的担忧，因为食品的短缺问题，可能会变为食品的安全问题。以后，在我们吃苹果之前，得先问问这个苹果（图 110）是否含有抗抗生素的抗药基因，喝牛奶时得考虑这是否会在人体内产生牛牛生长激素。面对越来越多的非天然食品的出现，人们不禁要问：转基因食品真能吃吗？安全吗？我能接受转基因食品吗？

图 110

我们每天摄食的瓜果蔬菜，哪一样不含 DNA 呢？人类吃了那么多年，为什么在生物技术发展的今天反而惧怕吃转基因食品呢？

其实，人们的担心不是没有道理的。从技术上讲，基因工程技术还是一项年轻的技术，如果操作不慎，很容易产生负面效应。毕竟生物在漫长

图 111

的进化过程中，形成了一套十分复杂的基因表达系统和适应环境的机制，如果转进去的基因引发了人体内错误的基因表达，就会造成很大的麻烦。也有人认为，转基因动植物不是自然产生的，基因软件和硬件新的结合可能会对环境造成不利的影响，还有人担心食用转基因食品的伦理问题，比如说人吃了含有人类基因的牛肉（图 111），总会造成不安。

虽然目前转基因操作还存在着这样那样的问题，让人对转基因食品不那么放心，但人们不应该因噎废食，而应该从技术改进和限制以及安全检测等各种途径，使其科学而规范地发展，造福人类。

正在驯服猛兽的驯兽员总有不安全感，而一旦完全制服了猛兽，驯兽员就会表现得从容不迫。基因工程技术在日新月异地发展着，人们的不安全感和恐惧感会随着人类对遗传规律的不断认识和有效控制而逐渐缓解。

克隆羊多利

在自然条件下，遗传基因在生物体内总是准确地复制自己，适时发挥着自己的作用，指挥生物体通过有性或无性的方式繁殖自身。那么，如果离了自然的正常轨道，会是怎样的情景？既然自然界一个个活生生的生灵均源自一个包含全部遗传基因的小小细胞，那么如果任意给你一个细胞，能否造出一个生物乃至一个人来？

"给我一个细胞造出一个生物，这有什么难的！本来，所有的生物体都是由单个细胞发育来的嘛！"你可能会这样说。可是我们这里的细胞，指的可不是生物的受精卵细胞，而是成体上任意一个体细胞。

图 112

用体细胞培育完整生物，这对于植物可以，因为它们沾了细胞全能性的光，可这对于动物，特别是高等哺乳动物（图 112），通常是行不通的。为什么呢？因为它们体细胞的每一个细胞都已发育得相当成熟，功能也已高度特化了，比如在你的眼睛细胞中，除了管眼睛活动的基因是"醒"着的，其余大部分已进入深度"睡眠"状态，很难被"唤醒"。

所以，过去科学界一直认定植物体细胞有全能性，用一个细胞可能造出一棵大树；动物体细胞没有全能性，不能从单个细胞发育、分化成完整的个体。这就意味着动物必须经过精子和卵子结合发育成受精卵这个有性过程来繁殖后代。

然而，科学家们的探索精神是没有止境的，他们并不满足于上面的结论。既然细胞中有全套的生命蓝图，就一定可以想办法盖起一座大楼来。只要有合适的环境，唤醒那些"沉睡"的基因，问题就可以得到解决。说不定卵细胞的细胞质可以作为合适的环境。因此，经过无数次的实验，一只无性繁殖的母羊多利来到了世间。

关于多利的出世过程（图 113），多方资料都有详尽的介绍，我们不妨简单回顾一下：科学家首先分离出一只母羊 A 的体细胞核，这个细胞核含有这只羊所有的核基因。然后将这个细胞核移植到另一只羊 B 去掉了细胞核的卵细胞中，利用微电流刺激等手段使两者融合为一体，然后促使这一新细胞分裂发育成胚胎，再将发育到一定程度的胚胎移入作为代理母亲

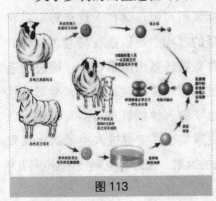

图 113

的母羊 C 的子宫内，从而发育成健康的小羊多利。

多利的特殊性在于，它的诞生没有经过精、卵结合的有性过程，是无性繁殖的产物。由于人们用克隆来作为无性繁殖的代名词，所以多利就成了一只克隆羊。

多利的诞生也说明科学家们在操纵基因上已经达到了很高的水平。因为高等动物体细胞中总是处于关闭状态的多数基因被重新唤醒了，使它们重新导演了一回从胚胎到成体的个体发育过程。

多利的诞生使克隆这个词突然变得大红大紫。人们总是将其与无性繁殖、复制生物联系在一起，从多莉更多地想到了复制人类，引发了一场生命伦理大讨论。我们下面还要讲这个问题。

对于克隆这个词，生物学家们却不以为然，因为他们早就在玩克隆"游戏"了。在基因工程中，一刻也离不开克隆技术，一个 DNA 分子变成许多一模一样的 DNA 分子，这就是分子克隆。在生物界，克隆也不新奇。低等生物主要靠克隆，即无性繁殖来繁衍后代，细菌通过分裂生成新的细胞，这就是克隆过程。对于某些植物来说，克隆也比较普遍，但是对于有性繁殖的生物来讲，克隆就太少见了。因为有了受精这一过程，基因就有了组合的舞台，而这种组合的可能性是个天文数字，在正常情况下要两个人的基因完全一样几乎是不可能的，除了同卵双胞胎。

所以，虽然克隆动物只是克隆技术的一个方面，但它引起的反响最大。

图 114

克隆技术可以在许多方面造福人类。比如，通过良种家畜（图 114）的克隆繁殖可以迅速扩大优良种群；在克隆的过程中可以进行转基因操作，培育克隆转基因家畜良种；通过克隆经过基因改造的动物器官，有可能代替短缺的人体器官进行器官移植；通过克隆实验，将促进人类了解生长发育的机理，特别是发现影响生长和衰老的因素。此外，克隆技术还可以为科学实验提供更适合的动物。

基因与疾病

现代医学研究告诉我们，人类所有的疾病都直接地或间接地与基因有联系。只不过这种联系，有的相对比较简单，而大多数都比较复杂。

有时疾病仅仅源于一个基因的变化，称作"单基因病"（图124），比下面要提到过的"镰刀形细胞贫血症"，仅源于DNA中一个碱基的变化。这类疾病已发现6000余种，类似的还有多指症、白化病、早老症等。

但多数疾病，包括癌症，则有着相当复杂的原因，有许多基因要对发病负责。涉及两个以上基因的结构或表达调控的改变，就称作"多基因病"

图 115

（图116），如高血压、冠心病、糖尿病、哮喘病、骨质疏松症、神经性疾病、原发性癫痫等等。

还有一类为"获得性基因病"。这类疾病是通过感染产生的，病原微生物的基因入侵到宿主的基因，导致人得病，比如肝炎、艾滋病等传染性疾病。

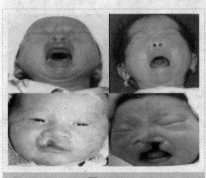

图 116

人体大约有3～5万个基因，它们保证了人体的正常运转，一旦基因出现缺陷就会导致人得病。基因完好，细胞正常，则人体健康；基因受损，细胞变异，则人患疾病。

解密生命密码

随着"基因病"概念的形成，科学家们开始对各种疾病进行基因分析。他们的工作的第一步，就是寻找致病的基因。

单基因病

人体所有的基因是一部极其晦涩难懂的"天书"，虽然这部"天书"仅仅是由 4 个简单的字母写成的。人类在生长、发育过程中，细胞们都要逐字逐句地对基因这本"书"照葫芦画瓢，偶尔也免不了出现这样或那样的错误，有时，哪怕是"一字之差"，也会造成严重的后果。

在我们生活的世界里，有着这样一些特殊的人，正常的人手指有 3 节，可他们却只有 2 节手指。他们的手指或脚趾的中节指(趾)骨很短，并可能与远指(趾)骨融合，俗称"短一节"。

短一节手指不仅影响美观，而且握物困难，会影响正常的生活与工作，大大降低了生活质量。由于这种现象往往发生在一个家族的不同人身上，因此，很早以前就被人们认为是遗传病。这一奇异的现象早在 1903 年就

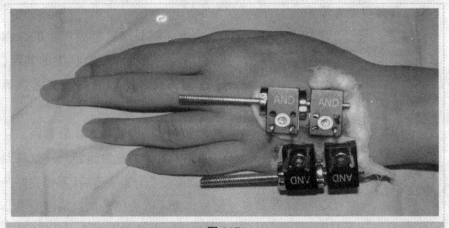

图 117

被生物学家法拉比在他的博士论文中提到过。之后，一些世界遗传学经典和生物教科书都把 A-1 型短指（趾）畸形症收入其中，希望有一天能够破解短指（趾）症之谜。近百年来，A-1 型短指（趾）症（图 117）就如同哥德巴赫猜想一样，吸引着世界顶尖级生命科学家的目光，尽管他们拥有进行研究所必需的先进设备与实力，但是，却没有人能够破解这个谜团。

现在，这桩百年之谜终于被中国人成功破解了。中国科学家确定 A-1 型短指（趾）症与人类 2 号染色体长臂上、特定区域内的基因，即 IHH 基因有关系。由此证明，基因控制人骨头的发育，当然也影响到人的身高。

我国湖南、贵州的崇山峻岭中世代居住着一些短指（趾）症的人们。中科院上海生命科学院的贺林教授通过对这些人的调查与分析，发现一共有 3 个 A-1 型短指（趾）症家系，分为汉族、苗族和布依族，共 100 多人，其中，布依族四代同堂。3 个家族中患 A-1 型短指（趾）症的达 47 人，年龄最大的 80 岁，最小的仅 5 岁。3 个家族均有共同的特点：居住相近，通婚范围不广（但非近亲结婚），几乎没有外出打工者，生活环境相对封闭。所有这些，使得他们的遗传资源很少受到"侵袭"或改变。所以贺林教授用了很短的时间，就成功破解了这个世纪之谜。

位于小小染色体上的小小致病基因，竟给人们造成如此长久的困扰。

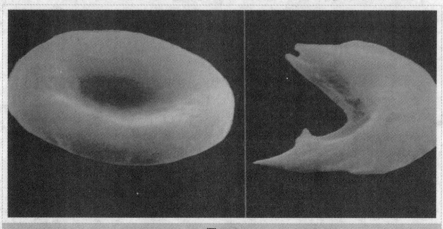

图 118

第五章 基因与人类社会

1910年，美国芝加哥的赫里克医生发现的"镰刀形红细胞贫血症"（图118）。

一天，来了一名奇怪的病人。这位只有20岁的黑人，一年以来经常感到心慌、气短。这一次，又因咳嗽、发热被送进医院。

通过对病人进行的体检，医生发现，病人从小时候起，就经常小腿上长疮，而且不易愈合。根据以往的经验，虚弱、头晕和头痛，应该是患有贫血病的症状。

当时，利用显微镜进行血细胞检查已经比较普遍。因此，赫里克医生在显微镜下查看了病人的血细胞。这一看，把他吓了一跳。正常人血液中的红细胞是扁圆形的，这位病人的血细胞却变成了镰刀形。于是医生在病例报告中写到："一个严重贫血病患者，血液中有许多细长如镰刀状的奇异红细胞。"

这个检查结果令赫里克感到非常困惑，如何解释这种现象？他认为，是红细胞本身的未知变化，导致了这样一种严重的疾病，于是给它起名叫"镰刀形红细胞贫血症"。

后来，赫里克又发现了很多类似的病例。这种病是一种致命疾病，病人往往在30岁以前就死亡，而且主要发生在黑人中。在1000个黑人中约有4人患这种贫血病。

科学家们经过了40年的研究终于搞清楚，产生这种病的根本原因，

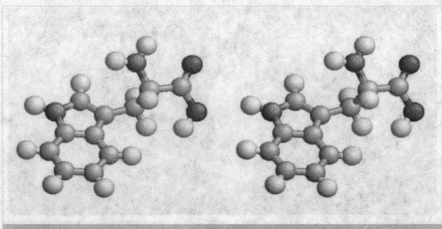

图119

是病人血红蛋白中的一个氨基酸（图119）与正常人不同。后来，随着分子遗传学的发展，又发现导致镰刀形红细胞贫血症的最终原因是这个氨基酸的基因"密码"发生了错误，而且只错了一个分子。在正常血红蛋白分子中有一个谷氨酸，当它变成缬氨酸后，血红蛋白就不正常了。这个改变虽然很小，引起的变化可非同小可。氨基酸变化的实质是核酸分子上负责编码它的遗传密码发生了改变。原来是GAG，翻译蛋白质时变成了GUG。我们知道，贫血的原因往往就是没有能够运输氧气的血红蛋白。这么一个小小的变化，会导致血红蛋白在缺氧的条件下，很容易发生破裂，从而也不能行使运输氧气的功能，因此也就产生贫血的症状了。

这种由于个别分子的改变导致的严重疾病就叫做"分子病"或"单基因病"。除了镰刀形红细胞贫血症以外，人类的白化病、半乳糖血症、甲状腺呆小症等都属于单基因病。

肥胖症

也许你并不认为肥胖（图120）是一种疾病，但是如果身材臃肿，的确很让人烦恼。有些人只是体重稍稍偏离了正常范围，而也有许多人因为过度肥胖而引发许多严重的疾病，这时，很可能是体内负责脂肪代谢的基因调控出现了问题。那么是不是真的存在肥胖基因呢？如果真的存在肥胖基因，找到了致病的遗传因素，肥胖病（图121）人将不再发愁了。

图120

解密生命密码

不同体质的人，新陈代谢的速度不同，对饮食的反应也不同。有几种人容易肥胖，一种是因为得了某种病，代谢比一般人慢，更容易堆积食物能量而发胖；还有的遗传病的伴随病症就是发胖。另外，还有的人各方面的生理指标都是正常的，但就是比别人胖。这些都与基因有关，但因为它本身并不直接与肥胖有关，而是间接地导致肥胖，所以还并不能说有肥胖基因在起直接作用。

图 121

这些年来，科学家们已经识别出十几种或多或少与肥胖有关的基因，但是究竟有没有直接导致肥胖的基因呢？最近，哈佛医学院等机构的医学家们发现，有一种编码 PPARgamma 蛋白的基因可能就是人们寻找的肥胖基因。这种基因与脂肪生成以及脂肪细胞的生成发展有直接的关系。

在脂肪生成的过程中，假如这个蛋白比正常的多，就会有大量的脂肪细胞形成，脂肪细胞增多了，自然就肥胖了。相反，如果这个蛋白失去了作用或者不能正常地形成，前脂肪细胞与脂肪细胞间的转化就会被中断，那么，脂肪细胞也就无法形成，自然就不会肥胖了。

如果在减肥药里面加进抑制这种蛋白形成的东西，那这个减肥药一定十分有效，真正成为许多广告中所说的"肥胖患者的福音"了。

但事情往往不这么简单，因为脂肪的生成也是分几个阶段的。肥胖基因也应该不止一个，即使有一两个是起主要作用的，也要受其他若干个基因的调控。像癌症一样，也是有许多基因互相作用，才最终决定了肥胖症的发生。因此，从基因角度开发减肥药并不是件容易的事情。

癌 症

对于癌症（图122）起因的研究已经进行了许多年。从基因角度来看，癌症患者一定是基因出了问题。说出来可能会吓你一跳，我们每个人都有可能患癌，因为在我们正常细胞中就存在着致癌基因。不过，在正常情况下致癌基因并不会作乱，而只是产生一种蛋白质，充当着细胞生长信息通路上的"哨兵"，严格传递生长的信号；但是这种本来有益无害的基因，一旦遇到外部环境的刺激，就会发生相应的变化，诱发癌症的发生。

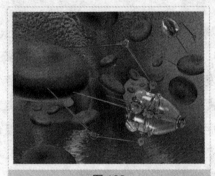

图 122

细胞内还存在能够抑制肿瘤发生的抑癌基因，它们是抵御肿瘤的"正规军"。另外，正常细胞中有一些"工兵"DNA，能够修复基因，一旦发现可疑或者破损的基因，就赶紧加以修复和清除。

"哨兵"、"正规军"、还有"工兵"，阵容看起来很是强大。但是，在肿瘤细胞（图123）中你难以找到这3种基因，因为它们都发生了变化，不能各尽其职。一个阵营里没有哨兵、没有正规军、没有工兵，就很难维持正常的秩序，阵营就会被攻破和占领。

那么又是什么东西导致正常的基因变化的呢？科学家们通过大量的比较分析，发现基因的改变与吸烟、环

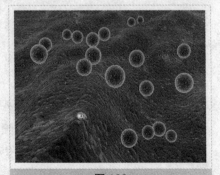

图 123

境污染、病毒感染、放射线辐射和机体的遗传倾向性,有着千丝万缕的关系。

所以,戒烟、保护环境和培养健康的生活方式,能够帮助我们预防肿瘤的发生。

你也许会问,是不是所有人发生癌症的几率都是一样的?当然不一样。尽管人们对癌症发生的遗传机理还没有搞清楚,但可以确定的是,癌症高发的家族,可以寻到癌症易感基因。易感基因可以从亲代遗传给子代。带有易感基因并不一定就得癌症,因为环境起了很重要的作用。那么如果能早知道自己的基因决定容易患癌症,便可以从各方面提高警惕,应该是可以起到"亡羊补牢"的作用的。

如何尽早发现肿瘤的端倪?能不能在肿瘤尚未发生之前加以有效预测呢?

目前研究者正致力于通过检测肿瘤敏感基因,将肿瘤高危人群和普通人群区分出来。例如,乳腺癌(图124)是女性常见肿瘤,对极高危的家

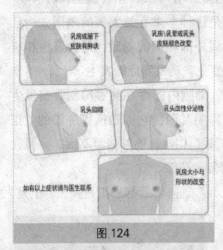

乳房或腋下皮肤有肿块

乳房\乳晕或乳头皮肤颜色改变

乳头回缩

乳头血性分泌物

乳房大小与形状的改变

如有以上症状请与医生联系

图 124

族发生乳腺癌的研究发现,如果携带有害的 BRCA1 基因突变,则女性发生癌症的几率高达 85%。所以对有乳腺癌家族史的妇女进行 BRCAl 基因检测,将有助于乳腺癌发生的预测。

另外,肠癌也是常见的肿瘤之一。在肠癌的癌变过程中存在着肿瘤抑制基因的丢失或者变化,以及原癌基因的突变。所以,通过检测这些基因改变,有助于疾病的诊断。但是,目前的基因检测阳性仅证明突变基因的存在,并不表示疾病一定发生;而阴性结果也不能完全排除发生癌症的可能,其价值在于能够让高危人群从生活、饮食等方面采取一定的预防措施,甚至可以考虑预防性的手术治疗;同时让低危人群减少是否具有疾病遗传倾向的忧虑,避免不必要的检查费用。新近研究者又找到了与常见肿瘤遗传倾向相关的基因突变,可能会将肿瘤发生危险性的判断再推进一步。

Part 6
基因工程的奇迹

　　基因工程是生物工程的一个重要分支，它和细胞工程、酶工程、蛋白质工程和微生物工程共同组成了生物工程。所谓基因工程是在分子水平上对基因进行操作的复杂技术。是将外源基因通过体外重组后导入受体细胞内，使这个基因能在受体细胞内复制、转录、翻译表达的操作。它是用人为的方法将所需要的某一供体生物的遗传物质——DNA大分子提取出来，在离体条件下用适当的工具酶进行切割后，把它与作为载体的DNA分子连接起来，然后与载体一起导入某一更易生长、繁殖的受体细胞中，以让外源物质在其中"安家落户"，进行正常的复制和表达，从而获得新物种的一种崭新技术。它克服了远缘杂交的不亲和障碍。

不怕病虫害的庄稼

提高农作物品种抗病虫害的能力，既可减少农作物的产量损失，又可降低使用农药的费用，降低农业生产成本，提高生产效益。

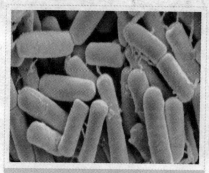

图 125

目前，人们已经发现了多种杀虫基因，但应用最多的是杀虫毒素蛋白基因和蛋白酶抑制基因。杀虫毒素蛋白基因是从苏云金芽孢杆菌（图 125）（一种细菌）上分离出来的，将这个基因转入植物后，植物体内就能合成毒素蛋白，害虫吃了这种基因产生的毒素蛋白以后，即会死亡。目前已成功转入毒素蛋白基因的作物有烟草、马铃薯、番茄、棉花和水稻等，正在转入这个基因的作物还有玉米、大豆、苜蓿、多种蔬菜以及杨树等林木。

转基因抗虫作物，效果最大的当数抗虫棉（图 126）。说起棉花，大家都知道它又白、又轻、又软，做成的棉被盖在身上，暖暖的。收获季节一到，棉田里就盛开着一朵朵的棉花，远远望去美极了！然而，棉花也有天敌，一旦被棉铃虫侵害，棉花就会变黄、发蔫，甚至无法开花、吐絮，造成棉田减产，

图 126

棉农减收。自1992年以来，河北、山东、河南等棉区棉铃虫危害极为严重，全国每年直接损失达60亿至100亿元。因此，如何治理棉铃虫成为了我国农业工作者的一件大事。

许多年来，为了防治棉铃虫，人们主要靠喷施化学农药。这种方法虽然有一定的防治效果，但也存在着害虫产生抗药性的缺点。有些地方农民们喷洒农药甚至把药水往虫子身上倒，可虫子仍然不死，虫子把棉花的花蕾、棉桃和叶子照样吃个精光。另外，喷施农药对人体有害，容易中毒，况且对环境也有严重的污染，因此，不提倡使用农药。

1997年，美国种植了抗虫基因棉100多万公顷，平均增产7%，每公顷抗虫棉可增加净收益83美元，总计直接增加收益近1亿美元。我国是世界上继美国孟山都公司后第一个获得抗虫棉的国家。我国的抗虫棉的抗虫能力在90%以上，并能将抗虫基因遗传给后代。我国的抗虫棉已进入产业化阶段，生产面积已有6.7万公顷，如果全面推广，每年可挽回棉铃虫造成的经济损失75亿人民币。

利用植物基因工程不仅可以治虫，而且还可以防病。你知道吗？作物在它的一生的生长历程中还会受到几十种甚至上百种病害的危害。这些病害包括病毒病、细菌病以及真菌病。作物感染病害以后将给生产带来极大的损失。如水稻白叶枯病（图127），它是我国华东、华中和华南稻区的

图127

一种病害，由细菌引起，发病后轻则造成10％～30％的产量损失，重则难以估计。

为了培育抗病毒的转基因作物。我国科学家将烟草花叶病毒和黄瓜花叶病毒的外壳蛋白基因拼接在一起，构建了"双价"抗病基因，也就是抵抗两种病毒的基因，把它转入烟草后，获得了同时抵抗两种病毒的转基因植株。田间试验表明，对烟草花叶病毒的防治效果为100％，对黄瓜花叶病的防治效果为70％左右。目前，我国科学家还通过利用病毒外壳蛋白基因等途径，进行小麦抗黄矮病、水稻抗矮缩病等基因工程研究，并取得了很大进展。

今后，农民们种庄稼不治虫、少施农药的日子为期不远了。

抗除草剂的作物

唐朝诗人李绅曾写了一首著名诗句："锄禾日当午，汗滴禾下土。谁知盘中餐，粒粒皆辛苦。"每当读起这首诗，眼前便浮现出农民们在烈日炎炎下，拿着锄头，汗流满面地在田间锄草的情景。此情此景让我们在对劳动人民肃然起敬的同时，也让我们思考着，能不能不去田间锄草呢？

图128

草和庄稼一起生长，"同居"生活是避免不了的。杂草（图128）的生长，会使作物大幅度减产。以大豆为例，若不锄草，大豆的产量就会减少10％。以每公顷产大豆1300千克计算，每公顷因草害将少收大豆130千克，那么我国种植大豆750万公顷，如果不锄草，每年将少收9.7亿千克的大豆，价值近 10 亿元人民币，这是一项多么大的损失啊！那能不能既消灭田间杂草，又减轻人们的体力劳动呢？

经过人们的长期探索，发现有些药品能杀灭杂草。农民们只要向农田喷洒一些化学药剂，便能免去"面朝黄土，背朝天"地在田间锄草，也不必再去接受烈日炎炎的洗礼。但是，人们很快发现，有的除草剂虽然能有效地杀灭杂草，但对农作物也有不同程度的危害；有的除草剂虽然对农作物没有危害，也能有效地杀灭杂草，但它在土壤中的残留期太长，严重影响了作物的倒茬轮作。比如有一种除草剂不危害玉米，但对这块田里的轮作物——大豆有毒害作用。另外，长期使用除草剂也可使杂草具有抗除草剂的能力。这些都迫使人们深思，怎样解决"锄禾日当午"的劳苦呢？

基因工程的兴起，使上述问题的解决有了希望，人们看到了曙光。人们设想，向作物导入抗除草剂的基因，获得抗除草剂的转基因作物（图 129）

图 129

，这样就可以使作物不再受除草剂的伤害了。于是，几乎世界各国都开始重视这项技术的研究。现在，已有抗除草剂转基因植物约 20 多种，它们给农业生产带来了巨大便利。

泼辣的 "庄稼汉"

用植物基因工程的方法还可以提高作物对恶劣环境的抵抗能力，增强对环境的适应性。科学家们估计，可以将自然界中多种适应环境的基因如抗盐、抗旱、抗寒、抗缺氧等等基因挖掘出来，转入优质丰产的农作物品

种，不仅能扩大优良品种的种植面积，对于充分利用旱地、盐碱地、荒地，甚至沙漠都有重要作用。

为培育抗旱作物，科学家们目前已经分离出一些抗旱基因，并在一些作物上已实现了抗旱基因的转移。美国科学家从一种细菌上分离出抗旱基因，育成转基因棉花。另外，植物体内的脯氨酸能抑制细胞向外渗漏水分，小黑麦、仙人掌由于含有脯氨酸合成酶基因，故能在干旱地区生长。于是科学家们正在研究将仙人掌的抗旱基因转入大豆、小麦、玉米等作物中，以培育耐旱作物品种。

转基因作物不仅有的抗旱，还有的抗涝。有一种水稻可耐水淹 14 天左右仍然存活。还有一种抗涝高产矮秆水稻（图 130），公顷产可达 1.8 万千克，说明该基因既能抗涝又能高产。

前几年，联合国粮农组织专家曾发出一条振奋人心的消息，用海水灌溉农田不再是梦想了。

早在 20 世纪 80 年代，科学家们就从在海边生活的红树及各种海洋植物中得到启示，这些植物之所以能在海水浸泡的"海地"中生长，主要原因是它们为喜盐、耐涝的天然盐生植物。于是，科学家们"顺藤摸瓜"，通过仔细地研究分析，发现它们具有与陆地甜土植物不同的基因，正是这

图 130

种特殊的基因，使它们成为盐生植物。基于这种观念，美国的一位科学家，将高粱和一种非洲沿海盛产的苏丹草杂交，结果成功地培育出一种独特的杂交种——"苏丹高粱"。这种粮食作物的根部还分泌出一种酸，可快速溶解咸土土壤中的盐分而吸收水分。种植这样的作物，采用海水灌溉后，海水中的盐分会自然被溶解掉，而不至于影响高粱的正常生长。"今天一片荒滩，明日一片绿洲"的梦想已为期不远了。当然，这一美好愿望的实现，还要借助于植物基因工程的帮助。

以色列的一个海岸边，生长着一种番茄（图131），它的果实个儿小味涩，非常难吃。但以色列的科学家们从这种耐盐番茄中提取了耐盐基因，将它整合到普通的番茄的种子中，通过精心培育，竟培育出了味美、个儿大、品质优良的耐盐品种，为充分利用海边盐碱地开辟了广阔的前景。

图 131

在作物的生长环境中，有时低温不仅会限制作物的栽种范围，也可造成作物减产。冻害每年都会给农业生产带来严重的损失。传统的抗冻害的方法是对农作物采取熏烟、覆盖、灌水、保护地种植及喷洒生长调节剂等保护措施，但是解决抗寒问题的根本是培育出具有抗寒能力的作物。植物基因工程在这方面提供了强有力的手段。

那么，用什么样的基因最好呢？人们除了想到高寒地区生活的一些植物外，还想到了生活在高寒水域中的鱼类。近年来，科学家们发现，某些海洋鱼类的体液中富含丙氨酸、半胱氨酸和含糖的蛋白质。这些特殊的蛋白质能使鱼类体液的冰点降低，并能有效地减缓细胞中冰晶形成的速度，使鱼类免遭冻害。科学工作者把这些蛋白质命名为抗冻蛋白，正是它们保护了鱼类在严冬条件下的生命活力。于是许多科技人员试图将这种抗冻蛋白基因转入各种作物中去，以培育出含有鱼抗冻蛋白基因的抗寒作物。加拿大的科学家们已将抗冻蛋白基因导入了烟草，美国的科学家将其转给了玉米、番茄和桃树，我国科学家也培育出了抗冻的番茄。它们都表现了惊人的耐寒性。这项研究的前景十分诱人。因为它不但能延长作物陆地栽培的时间，而且还有希望使寒冬大地披上绿装，南、北两极长出庄稼。

发光的植物

在自然界，能发光的生物有某些细菌、甲壳动物、软体动物、昆虫和鱼类等。在深海中约99%的动物会发光，它们形成了独特的海底冷光世界。在发光的昆虫中，最引人注目的要数萤火虫（图132）。每当繁星映空的夜晚，

它们那"腾空类星陨，拂树若花生"的美丽的荧光，曾引起人们多少遐思和美好向往。

现今，植物也能"发光"，你相信吗？这已不是什么天方夜谭，而是确有其事。

凡是到过美国加利福尼亚大学参观的人们，总是要到该校的植物园去领略一番那里的奇妙夜景。

图 132

这是为什么呢？

原来，加利福尼亚大学的植物园内，种植着几畦奇异的植物，每当夜晚降临时，人们就会看见一片发出紫蓝色荧光的植物（图133）。

难道这是萤火虫在田间"作怪"吗？

不是的，这是加利福尼亚大学的生物学家们，利用基因工程的方法制造出来的一种能从体内发射荧光的神奇烟草。这种"发光"烟草是怎么培育出来的呢？

科学家们曾对萤火虫的发光机理进行了深入研究，了解到萤火虫发光是发光器中的荧光素在荧光酶的催化下发出的间歇光。荧光素与荧光酶都是由发光基因"指挥"下合成的，然后由调控基因发出光反应信息。于是，科学家们便把发光基因从萤火虫的细胞中分离出来，再转入到烟草体内，这样便培育出能发射荧光的转基因烟草。

图 133

目前，英国爱丁堡大学已将发光基因分别转给棉花、马铃薯和青菜，培育出了各自发光的植物。日本科学家还计划培育发光菊花和发光石竹花，人们不仅在白天可以看花卉的美丽花朵，而且到夜晚还可以欣赏花卉发出的熠熠光彩。美国人还计划培育出发光夹竹桃，将来种植在高速公路两旁，白天作行道树，夜晚作路灯。到那时，每当夜幕降临，公路两旁的夹竹桃荧光闪闪，树树相连，灯灯相通，那将变成一个美丽的荧光世界。

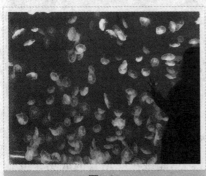

图 134

更有趣的是美国的海洋生物学家，在美国东南海域温暖的海水中发现了一种能发出蓝光的海蜇（图 134）。这种海蜇体内有一种特别基因。当海蜇受到其他生物侵袭时，细胞释放出的钙便与这种特别基因"联姻"，此时身体就会发出蓝光。这种奇妙的现象，启发了英国的科学家把海蜇的特别基因移植到烟草上。结果，当生长的烟草受到各种"压力"时，也会发出蓝光。在此基础上，他们又先后在小麦、棉花、苹果树等植物上移植了"发光基因"。这样，在大田中，作物一旦受细菌、害虫或寒冷、干旱等侵害时，便会发出蓝光。这种"发光基因"极为微弱，只有通过特别的仪器才能观察到。

解密生命密码

一旦发现蓝光，人们可以立即采取措施。这样一来，就减少了施肥、用药、灌溉的盲目性，降低了农作物的生产成本。

"超级动物"的奥秘

随着科学技术的进步，科学家们采用转基因技术培育转基因动物取得了很大成功。早在 1981 年美国《华盛顿邮报》报道，美国和德国的两位科学家成功地完成了哺乳动物的基因移植；美国一个科学研究小组首次把

图 135

产生血红蛋白分子的兔子基因插入到老鼠体内（图 135），结果有 46 只老鼠生下了后代，其中 5 只小鼠红细胞里含有兔子的血红蛋白；特别是 1983 年，美国宾夕法尼亚大学的布恩斯特和华盛顿大学的帕尔米特从大鼠体中取出了大鼠生长素基因，用基因重组的方法把这一基因注入小鼠的受精卵

内，他们一共注入了 170 个受精的小鼠卵细胞，然后再把这些卵细胞移植到雌性小鼠子宫内孕育，结果出生了 21 只小鼠，其中 7 只小鼠长得比一般小鼠大一倍。经分析，这 7 只小鼠体内的生长素比一般小鼠高 800 倍，其中 1 只老鼠还能把移植的基因传给后代。"超级鼠"培育的成功，虽然没什么实际应用价值，但说明人类可以通过遗传操作对动物进行重大改造，从而创造出高大的牲畜或奇异的动物。

"超级鼠"的问世，激发了人们把大型动物的生长基因引入小型动物体内，培育一些巨型动物品种的欲望。于是人们相继开展了猪、兔、鸡、羊、牛等的转基因研究，而且都取得了令人鼓舞的进展。例如，澳大利亚培育

出一种转基因的"超级猪"，体形大，生长快，瘦肉率提高 10% ~ 15%；还有一种带牛基因的猪，个头大，长得快。我国科学家利用动物精子作生长素基因载体，也就是对精细胞经过外部处理，让它吸附外源 DNA，再进行受精，这样可以把外源基因带入受精卵细胞中而获得表达。采用这种新技

图 136

术已培育出转基因鱼、转基因鸡和转基因猪。目前转基因猪交配已产生后代。我国转基因鱼（图 136）的研究水平已居世界领先地位。中国科学院水生生物研究所的科学家们首次运用显微注射方法，成功地将人的生长素基因导入了鲫鱼受精卵里并且得到了表达。以后，他们又获得了生长特别快的转基因泥鳅，其中个别泥鳅生长速度比一般鱼快 3 ~ 4 倍。继我国之后，世界上又有 20 多个实验室开展了这方面的研究。1988 年，美国科学家将红鳟鱼的生长素基因导入鲤鱼受精卵，发育成的转基因鲤鱼比一般鲤鱼生长速度快近 20%。近年来，中国科学院水生生物研究所的科学家们又把人的生长素基因转入鲤鱼受精卵，经检测，孵化出的小鱼中 50% 在血液

图 137

中含有人的生长激素基因。培育出的转基因鱼生长速度快，有一条在9个月后比对照组的鱼重1.5千克。目前，我国育成的转基因鱼有红鲤鱼、普通鲫鱼、银鱼、白鲫和红鳟鱼等，转基因鱼一般比非转基因鱼生长速度快10%～15%，现在已传到了第5代。

目前，人们利用转基因技术，已将许多来源不同的外源基因（如生长素基因、绵羊乳蛋白基因等）导入到许多动物（如小鼠、大鼠、猪、牛等体内），成功地培育了数万只转基因小鼠和家畜（图137）。虽然有的转基因动物还存在某些缺陷或问题，如常得病或表现不育甚至死亡等，但这些研究工作的应用前景十分诱人，人们幻想的"大象猪"的诞生已为期不远了。

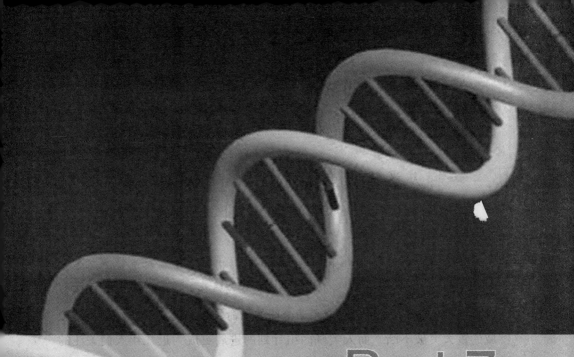

Part 7
国际人类基因组计划

　　人类基因组研究是一项生命科学的基础性研究。破解人类自身基因密码，以促进人类健康、预防疾病、延长寿命，其应用前景都是极其美好的。

　　人类10万个基因的信息以及相应的染色体位置被破译后，破译人类和动植物的基因密码，为攻克疾病和提高农作物产量开拓了广阔的前景。将成为医学和生物制药产业知识和技术创新的源泉。

绘制人类基因草图

2000 年，由科学家评出的世界十大科技进展中第一条就是"科学家公布人类基因组工作框架图"，这大概算是这一年最动人的科技新闻了。自 1997 年克隆羊多莉制造了轰动全球的生命领域新闻之后，生命科学领域的重大突破不断，而人类基因组计划的进展更成为近几年人们关注的焦点之一。

2000 年 6 月 26 日，一个全世界都为之震撼的日子。这一天，参与"国际人类基因组计划"的美、英、日、法、德、中 6 国 16 个中心联合宣布人类基因组"工作框架图"绘就。人类基因组"工作框架图"是覆盖人的大部分基因组、准确率超过 90％的 DNA 序列图，是人类基因组计划中最基础的任务，标志着人类科学史上又一个里程碑式的创举。

人类的全部基因构成了人类基因组（图 138），它就像一本包含 30 亿个字母的百科全书，它可以分为 23 章，每章相当于一对染色体，又包含着数千个称为基因的"故事"，这些"故事"由一系列三字母单词组成，每个单词是构成 DNA 的 4 种碱基的排列组合。人类基因组计划，正是要按顺序"读出"这 30 亿个字母，即包含在 DNA 长链中的 30 亿个碱基。10 年来，参与人类基因组项目的 1000 多位各国科学家通力合作，加上技术手段的不断改进，使测序速度不断加快，原定的完成时间也一再被提

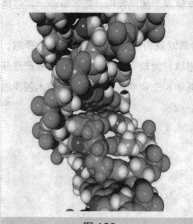

图 138

前。这次公布的人类基因草图中包含了这部巨著中90%的单词位置信息，下一步的事情基本上就是"填空"工作，细化工作。这的确是值得欣喜的事情。

人类基因组计划于20世纪80年代中期由美国人首先提出。这一计划得到了国际间的重视和广泛响应，有关科学家也充分意识到，要完成这样一项巨大的计划，没有国际同行们的广泛合作是非常困难的。1990年，国际人类基因组计划正式启动。英国、日本、法国、德国和我国科学家先后加盟，充分显示了多国合作在当代科研中的重要性。

图 139

人类基因组计划被人们称作"生物界的阿波罗计划"，它的难度不亚于"阿波罗登月计划"（图 139）。

在人类基因组 30 亿个核苷酸中，包含着人类大约 3 万多个基因，构成了一套 DNA 语言写成的巨著。这套巨著是由 1000 本厚约 1000 页的大书构成的，每一页上翻来覆去地写着 A、T、C、G。要读懂这样一部巨著是一件非常艰难的事情，可科学家们却迎难而上，决定用 15 年的时间，投入大量的人力、物力，初步读懂这部巨著。他们为什么要这么做呢？

破解人类基因

人类所有的疾病，都或多或少与基因有关，只有破译了基因，才能破译我们生老病死的一切秘密。人类基因组计划正是要彻底解读人类这种地

球上最复杂的生物的全部密码，使疾病不再可怕，不再神秘。

现在，已经没有人怀疑，我们自身的一切，包括长相、性格、容易得哪些病、能活多大岁数等等，都与遗传基因有着不可分割的联系，我们无法彻底摆脱基因的驾驭，但我们可以更多地了解它，在一定程度上驯服它，使自己生活得更好一些。

最棘手的问题是弄清疾病与基因的关系。

从现在的新观点来看，人类的所有疾病都与基因有关，因此所有病都可以说是基因病，至于说已经确定的6000多种遗传病（图140），更与基因缺陷有着直接的联系。

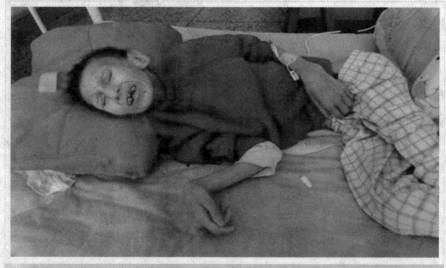

图 140

其实，基因与疾病的关系绝不是简单的一对一的关系，即使是单基因的经典遗传病，最终发病也需要多种基因参与。何况许多遗传病并不是单个基因引起的，而是由多个基因相互作用直接或间接导致的结果。更多的情况是受到各种内外因素的影响，基因功能出了问题。

你可能要问："我得了某种病，就说是基因病，是说明我的基因发生了变化，会传给下一代吗？"其实，多数非直接遗传因素导致的疾病即使基因发生了一点点变化，也是可以修复的。我们得了病以后要吃药，药物会对基因起到调节作用，从而改变基因的表达调控，影响基因产物的功能。即使是非药物治疗手段，如心理诱导，也都涉及基因活动的改变。但无论哪种治疗，要取得理想的效果，都需要对基因有更多的了解。

为寻找致病基因这个重要决定因素，分子生物学、分子遗传学、细胞生物学等学科的专家都纷纷加入到研究疾病、研究基因的行列中去。但最大的问题是，零敲碎打地去找，一个一个地去研究基因、分离克隆基因，效率不高，这有点像瞎子摸象。因此，有必要采用大撒网的办法，对所有的基因进行系统研究，这样才能更深入地认识疾病。

人类只有破译了基因天书，才能更有效地控制疾病、控制衰老，真正实现健康长寿。比如，科学家们曾提出过"肿瘤研究计划"，试图通过各种方式攻克肿瘤（图141）这个人类深恶痛绝的大敌，然而事实证明，这个计划实施多年来，成效是不大的。

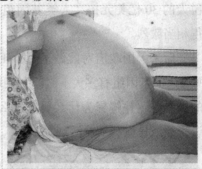

图141

根本的原因是绝大部分肿瘤的发生都是与基因有关。治本必须寻源，科学家意识到，要彻底攻克肿瘤这样的顽症，必须弄清控制肿瘤发生的基因。

人类社会发展到今天，在了解自然、改造自然方面取得了辉煌的成果，是到了攻克自身这个最后堡垒的时候了，解读人类基因这部天书是其中的一场硬仗。只有破解了人类全部遗传基因，才能对自己的生老病死有个全面的了解。

由此可见，人们花费这么多的人力、物力搞人类基因组计划，有它不可估量的重大意义。

困难重重

人类基因组计划工程重大而复杂，完成整个计划所需的经费堪称天文数字，仅按每个碱基 1 美元计算，美国就要投入 30 亿美元。因此，用纳税人的 30 亿美元搞"人类基因组计划"这一庞大计划，最初在美国争论得相当激烈。

后来美国政府对此做了不少工作。他们印了很多内容浅显的小册子，如《人类基因组有多大》、《了解我们的基因》等，说明"人类基因组计划"的必要性，并解释为什么要花这么多钱，这钱花得有多值。每份小册子都讲得通俗易懂、活灵活现。

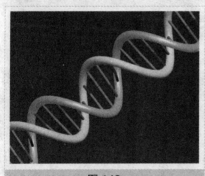

图 142

比如在有的小册子中，科学家比喻人的基因组就像地球那么大，一个染色体就像一个国家那么大，一个基因(图 142)就像我们所住的楼那么大。搞清楚 30 亿对核苷酸，就好像搞清楚整个地球上的 30 亿人各姓什么。而所谓的"制图"，就像在高速公路上标路标……"

"人类基因组计划"被民众接受的过程，也就是社会学家、伦理学家、生物学家进行的一场有关基因的科学普及过程。科学家认为，"人类基因组计划"揭示出的人类最终奥秘，势必冲击社会、法律和伦理，因此必须让广大民众有心理准备。

"人类基因组计划"的形成，曾几度彷徨，几度反复，但最后，人类还是选择了它。

"人类基因组计划"之所以重要，一方面是因为人的一切都和基因问题有关。不仅疾病与基因有关，人的出生、成长、衰老和死亡也都与基因有关，或者更具体地说，都与 DNA 的序列有关。另一方面，正如杜伯克所说的，既然大家都知道基因的重要性，那我们只有两种选择，一是"零敲碎打"，大家都去"个体作业"，去研究自己喜欢的、认为是重要的基因；而另一

图 143

种前所未有的选择，则是从整体上搞清人类的整个基因组（图 143），集中力量认识人类的所有基因。

那么究竟是"零敲碎打"的效率高，更能对人类的健康作出贡献呢，还是"集中力量攻破"的作用大呢？在教训和经验面前，答案已经是不言而喻的了。

可是，"人类基因组计划"雄心太大、规模太大，要花的钱也太多，因此有很多反对意见。

比如，有人就认为：用纳税人的 30 亿美元搞庞大无比的基因组序列，是拿纳税人的钱开玩笑；而且制定计划的时候，连现代化的测序仪都没有；自然科学要研究的问题有很多，为什么先上这个计划？这笔钱花到别的地

图 144

第七章 国际人类基因组计划

方也许更值、更实际，而这个计划目标过多、预算过大，得到的东西也只不过是"一张部件名单"；"制图"是在沙漠（图144）里建公路，"测序"是把"垃圾"分类；即使搞基因组计划，也应该先搞小的，如细菌、果蝇等，或经济意义大的，像小麦、猪、羊等。有人讥笑研究人的基因组是"泥足巨人"，预测它最终会像1975年开始的肿瘤计划一样流产。

1990年，美国刚搞"人类基因组计划"时，好多人联名写信表示反对，结果原来的预算被砍了3400万美元，原计划成立的9个中心被砍得只剩下3个，每个中心的经费也从400万美元减到200万美元。

而且，"人类基因组计划"并不是当时独一无二的计划，有很多对手都在同它争夺科学家和研究经费。

20世纪80年代初，由于生物技术，特别是遗传工程等技术的进展。生物学、医学的研究酝酿着新突破。大批肿瘤基因与肿瘤抑制基因的发现，使70年代趋于彷徨的肿瘤研究"柳暗花明又一村"；在生物学领域，基因克隆技术被攻克，遗传表达研究技术渐趋完善，"讯号传导"研究初露曙光，神经活动的研究似乎也面临突破；大规模双向电泳、核磁共振（图145）等技术的建立与改进，使蛋白质研究方兴未艾……上述每一方面都有理由提出一个"计划"，如"肿瘤计划"、"遗传工程计划"、"讯号传导计划"。这些计划都无可非议，也确实已经有人提出来过，但最终只有"人类基因组计划"被大家接受了，并最后成为国际性重大计划。

这是为什么呢？因为所有这些计划的最关键因素，都需要基因来操作！

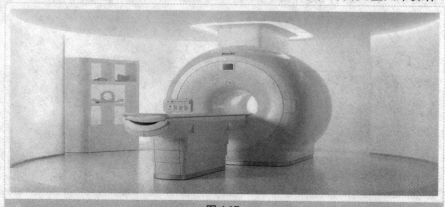

图 145

从某种意义上讲，"人类基因组计划"是一个"补课计划"。只有了解人类的整个基因组，实施其他计划才有可能。

人类基因组那么庞大，那么复杂，为什么不先从简单物种或更有经济意义的动植物入手呢？

让科学家来回答这个问题吧。

首先，世上万物人为首，人最重要，整个社会对人最为关切。

其次，没有变异就没有基因的发现，人类在上万年的与疾病斗争的过程中，对人类本身的众多疾病与遗传变异有了较大的积累，也为研究自身提供了最珍贵的材料。

再次，人类基因组的研究进展，可以直接、迅速地用于解决其他生物基因组的问题，揭示生命现象的本质。

"国际人类基因组计划"还将推动生物高新技术的发展，产生重大的经济效益，特别是应用于人的基因产品，如果能作为药物使用，不仅可改善人的健康状况，经济前景也不可限量。

1986年杜伯克在他的"标书"里写道："这一计划的意义，可以与征服宇宙（图146）的计划媲美。我们也应该以征服宇宙的气魄来进行这一计划。""这样的工作是任何一个实验室都难以承担的。它应该成为国家级的计划，并使它成为国际性的计划"。

图146

14年后，当人们庆贺"人类基因组计划"进展顺利时，不能不钦佩杜伯克的高瞻远瞩，也不难理解"标书"为什么能在全世界引起那么大的反响。

"人类基因组计划"的目标，讨论来讨论去，数易其稿，最终对每一部分都有了具体目标，并要求定质、定量、定时完成。

谁不想了解自己的基因呢？如果没有特殊的外因影响，我们的基因在出生以后变化不大。我们要特别了解：1. 我们的基因在我们家系中的传递规律，照料好我们的后代；2. 我们要了解"病与不病"的原因，以及基因与环境作用的结果，照料好自己的基因。人类基因组计划能够坚持到今天，全靠如同我们这样的广大民众的支持。因为这是一项公益性的计划，关系到千家万户，千秋万代。而现在，不同意见几乎没有了。

德国于 1995 年才开始"德国人类基因计划"，德国科学家反省到：

图 147

一个科学的设想，如果等到已经没有一个人反对的时候才执行，即使正确也肯定为时已晚。德国在二战后曾错过两个科学发展的机遇：一是电子计算机（图 147），另一个就是人类基因组计划。

英国的"国际人类基因组计划"于 1989 年 2 月开始，特点为全国协调，资源集中。"英国人类基因组资源中心"一直向全国的有关实验室免费提供技术及实验材料。自 1993 年开始，伦敦的桑格中心成为全世界最大的基因测序中心，单独完成 1/3 的测序任务。

法国的"国家人类基因组计划"于 1990 年 6 月启动，由科学研究部委托国家医学科学院制定。诺贝尔奖金获得者道赛特用自己的奖金于 1983 年底建立了人类多态性研究中心 ((CEPH)。法国民众给了这项研究有力的支持，他们至少捐助了 5000 万美元。CEPH 与相关机构为人类基因组研究，特别是第一代物理图与遗传图的构建，作出了不可磨灭的贡献。法国对人类基因组序列图的贡献，也由此达到了 3% 左右。

日本的（图 148）"国家级人类基因组计划"是在美国的推动下，于 1990 年开始的。与日本在其他领域的领先地位相比，它的人类基因组研究可就要略逊一筹了。但这几年的进展却很快。日本对 DNA 序列图的贡献为 7%。

此外，加拿大、丹麦、以色列、瑞典、芬兰、挪威、澳大利亚、新加坡、俄罗斯国家，也都开始了不同规模、各有特色的人类基因组研究。

图 148

由于科学家的呼吁，我国的"人类基因组计划"于1993年开始。这一计划的第一阶段，得到了国家自然科学基金委员会的资助。在这个项目中，有著名遗传学家组成的顾问委员会，有中青年科学家组成的学术专家委员会，还有"中国人基因组多样性委员会"和"社会、法律、伦理委员会"。此外还有一个小小的秘书处，负责国际联系、国内协调与日常事务。

人类基因"地图"

人类基因组计划的实质性工作是"绘图"，是绘制一套特殊的图，这就是"人类基因组图"，它将是一套很了不起的图纸。通过这套图，你可以了解到你自己和别人有什么不同，因为我们每个人的遗传基因都是不同的，也就是说，我们从生下来起，就已经有了自己独特的"遗传标记"。

在不久的将来，如果法律允许、父母又愿意的话，一个新生儿出生时，将可以获得自己的"基因组图"，通过这张图，父母不仅可以了解到自己的孩子将来会长多高，是不是一个色盲患者（图149），还可以了解哪些病会威胁孩子的生命，这样父母就可以制定出更科学、合理的育儿计划了。

图149

一个聪明的旅游者，到达一个新的地方，第一件要做的事情就是买来一张当地的地图。地图上有很多信息，名胜古迹、交通设施、工厂、学校、旅馆、饭店等等。通过仔细查找，他可以很快找到要去的地方，然后设计出最佳路线，直奔目标。一张地图给了游人很大方便。

解密生命密码

一个地方的地形可以用地理图表示，一个人的身体构造可以用人体解剖图表示，生物染色体上的遗传信息，能不能也用"图"来表示呢？回答是肯定的，只是难度比绘制任何地图要大得多。

人有46条染色体，每条染色体上有1个DNA双螺旋分子。每条染色体上排列着数百到数千个基因，而每个基因又有一定长度，它们都是由许多碱基按一定顺序排列组成的。要把这些信息在图上一一表示出来，谈何容易！绘图难，绘图资料的获得更难。绘制图前，首先要仔细调查、耐心测量、精确计算等等，这要花费大量的人力、物力。和绘制地图最大的不同是，基因图谱资料要靠包括显微操作（图150）在内的很多繁复的工作来完成。但是科学家们认准的事情，一定要去做。现在科学家们正在从事的"人类基因组计划"，就是要绘出这幅图。

图 150

绘制一套人类基因"地图"，要分好几个层次来完成，用行话来讲是首先要画遗传图、物理图，这是大规模测序的前奏，最后还要完成序列图。

这个过程说起来很复杂。遗传图是通过人类疾病和生理特征，确定一个基因在染色体上的大致位置。比如，它是位于人类第几号染色体的长臂或短臂的哪一端等。通过限制性内切酶切割等方式，先将它们从染色体上请下来，加以进一步分析，然后再组装上去。物理图的作用是设路标和铺路轨，通过它可以找到任意一段DNA的精确排列位置。最艰巨的任务要数序列图的制作，要测定人类基因组30亿个碱基的排列顺序，这个数目实在是太巨大了，工作量之大让人难以想象，必须借助超级计算机和核苷酸顺序自动分析系统来完成。

可喜的是，在全球科学家的共同努力下，绘制人类基因地图的工作已经完成了大部分，遗传图和物理图已提前完成，科学家们正在加紧进行最后的测序工作。

基本特性研究

人与人的基因是不同的, 这就是人类在"同一性"的前提下的"多样性"。一般个体之间只有大约 0.1% 的序列不同, 体现在肤色的差异上, 可称为"种族多样性", 体现在民族(或"族群")上, 称为"族群多样性"。正是人群中表现的这种"多样性", 为人类基因组研究提供了丰富的素材。

基因多样性体现在疾病的表现多样性上。

比如, 有一种叫做"囊肿性纤维化"(图151)的疾病, 专爱找白种人, 在他们中发病率为 1/500 ~ 1/1500 左右, 每 20 多个正常人中就可能有 1 个是这一隐性致病等位基因的携带者, 可是它在我国非常罕见。

再比如, 印度的一些部落, 就对疟疾有抗性; 而有人认为我国海南的

图 151

黎族对一种叫做钩端螺旋体的病原有抗性。可以通过研究这些基因组的差异, 找到抗疟疾、抗钩端螺旋体的基因。

隔离人群也对基因研究很有帮助。比如, 从欧洲迁移到美国定居、不与别的美国人通婚的"阿门"人, 有较完整的"家谱", 这种隔离群对某些遗传病来说, 背景较为单纯, 为很多疾病的研究、致病基因的鉴定与分离作出了贡献。

芬兰的人群中, 有一支是由南欧迁移过去的, 这个群体有很好的传统, 在家谱中记述每一个成员的健康状况与死亡原因, 因此, 他们为 10 几种致病基因的发现作出了贡献, 譬如发现一种与大肠癌(图152)的发生有

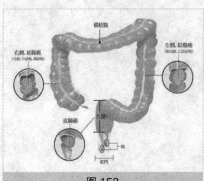

图 152

关的"易感性"基因。

不仅是在疾病方面，在生活中也存在不少由于基因多样性导致的差异。

比如，关于酗酒问题。中国的酗酒问题不如西方一些国家严重，这里面就有遗传学的因素。也许有很多基因起作用，但至少有一个基因起着作用，这个基因产生一种物质，这种物质参与分解酒中使人沉醉的成分，即乙醇（图153）（酒精）。而汉族人群中有50%左右的人缺少它，当然是它的基因"缺陷"造成的。这些人不能很好地把乙醇分解，因此，喝酒后很长时间血液中的乙醇含量较高，使人不舒服，脸红心跳，不能多喝。而有的少数族群，他们的人群中缺乏这种物质的人少，这个族群也就以豪饮著称。

图 153

再比如喝牛奶。牛奶中有乳糖，需要有一种"半乳糖酶"来分解乳糖，以供人体吸收，可是汉族与一些少数族群的人群中，90%左右的人这种酶有一定程度的缺陷，这也是基因决定的，大多数人一天喝500毫升左右的牛奶就会有不舒服的反应，甚至腹泻。游牧民族中这种酶一定程度缺陷的人也不少。可是，这些游牧民族恰恰喜欢喝奶茶，他们把牛奶经过人工发酵，将大多数乳糖分解以后再喝，就不再有不舒服的表现了。

人的"多样性研究"为人类基因组研究提供了丰富的素材，反过来，人类基因组的研究成果也将揭示更多关于"多样性"的秘密。

正在进行的人类基因组计划，可以说是"代表个体性"的人类基因组计划。现在用于绘制人类DNA序列的DNA来自于几个"无名氏"的男性。这在当时还曾有过争论，谁可以做"亚当"？人类的所有个体、所有的人，在遗传上都是平等的。所有的人类基因不论是在基因组中的位置，还是每一个基因的结构都是很相似的，不存在好坏优劣之分。

从一个人身上分离到的某个位点上的 DNA 片段，可以用于其他个体的这一位点的研究，这一位点致病等位基因的鉴定，将来可能用于基因诊断与基因治疗。

"百分之一" 的骄傲

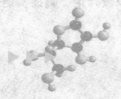

既然人类只有一个基因组，人类基因组的研究成果也应该成为人类共同享有的财富。所以说"人类基因组计划"的最重要特点便是全球化。

1988 年 4 月，国际人类基因组组织 (HUGO) 宣告成立。HUGO 代表了全世界从事人类基因组研究的科学家，以协调全球范围的人类基因组研究为宗旨，被誉为"人类基因组的联合国"。目前，我国已有 40 多位科学家加入了这一组织。

联合国科教文组织（图 154）(UNESCO) 也在 1988 年 10 月成立了"UNESCO 人类基因组委员会"。1995 年又成立了"国际生物伦理学会"，杨焕明教授是这一学会中的中国代表。UNESCO 发表的《关于人类基因组与人类权利的宣言》，成为"人类基因组计划"的"世界宣言"。

人类基因组"完成图"是完全覆盖人的基因组、准确率超过 99.99% 的全 DNA 序列图。这是人类基因组计划中最艰巨、最重要的任务之一。2001

图 154

137

年 8 月 26 日，国际人类基因组计划中国部分"完成图"提前两年绘成。我国承担的工作区域位于人类 3 号染色体短臂上，包含 3000 多万个碱基，约占人类基因组的 1%，因此简称为"1%项目"。

我国有 56 个民族（图 155），占世界人口总数的 1/5 以上。人类基因组计划及资料中，如果没有中国人的数据，就不能代表全人类。现在，中国人终于在人类基因组计划中占有了一席之地。为此，我们要感谢那些大声呼吁、积极奔走、脚踏实地工作的人们，是他们为中国人争得了一份荣誉。

图 155

说起我国是如何争取到这项艰巨的工作的，还真是一段坎坷的经历呢。仅仅是对于是否参与国外早已开始的人类基因组测序工作，我国就历经了 10 年的讨论。

从我国的现实国情出发，反方的意见认为：一方面，我国的财力有限，难以承受测序工作带来的沉重的资金负担；另一方面，我国的基因研究虽然已达到一定水平，但要承担复杂的测序任务，不管是从设备来说，还是从人才来说，都离要求很远。

正面的意见则认为：人类 DNA 序列图关系到 21 世纪我国生命科学与生物产业的基础建设，不参与序列图绘制，就会落后其他国家一大步，只能眼巴巴地看着我国永远失去参与的机会。杨焕明教授（图 156）指出，中国建立大规模的基因组序列图构建系统，只是时间的问题。越晚，我们民族付出的代价就越大。不做，就是我们的失职。历史将要追究所有人的责任，包括讨论中持不同意见的双方。

持正面意见的科学家还举例论证了自己的观点，如德国就是 1995 年才开始人类基因组计划的，他们之所以最终作出了这一决定，正是出于深刻的历史反省。他们宁愿做"差学生"，也不愿放弃研究的机会。实际上，基因已成为一个国家发展的战略资源，

图 156

争夺这一资源的"世界大战"已经打响，假如再不参与进去，未来的悲剧就是无法避免的。

总之，我国的决策部门以及所有相关的研究人员，一直在沉重地、痛苦地思考这个问题。争论虽然激烈，焦点其实就是一个：如何处理长期效益与短期效益、基础研究与应用研究的矛盾？

正当我国就是否参与人类基因组计划的测序工作而激烈争论时，现实的发展已刻不容缓了。中国是人类基因资源的"首富"。中国人多，疾病也多，再加上中国人几千年的定居传统，许多少数族群（图157）生活在偏远的大山里，形成的家系最多最纯。对于基因研究和产业开发来说，中国无疑是一个"基因宝库"。

图 157

于是，一些外国科研机构纷纷把目光盯上中国。1996 年，哈佛大学制定的"群体遗传学计划"宣称，它要在中国研究包括糖尿病、高血压、肥胖症在内的几乎所有"文明病"，并采用 2000 万中国人的血样及 DNA 样本。2000 年 1 月 13 日，企图垄断基因组信息的塞莱拉公司宣布，它已经在中国的台湾与上海同时"登陆"。这一公司还公开声称：得到中国富甲天下的动物、植物与人类基因资源，是扩大国际商务与基因组信息的基础。在台湾，他们得到了政界首要的支援，计划投资一亿美元。在上海，他们

解
密
生
命
密
码

收购了原先以"测序服务"名义注册的外资公司 Gene Core 的95%的股份。同时，一家日本私人公司"龙基因组"也来到中国，公然声称要把整个 DNA 模板制备自动线设在大连，争夺中国基因资源。

这些公司的目的很明显：一方面，以掌握中国丰富的生物资源为武器，与坚持"平等分享"原则的国际"人类基因组计划"分庭抗礼；另一方面，以雄厚的资本实现控制中国生物资源的美梦。

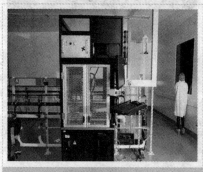

图158

挑战还来自国际"人类基因组计划"的进展。由于私营公司的竞争，也由于测序仪器（图158）的改进，原定于2005年完成的计划被一再提前。1998年塞莱拉公司声称要在3年内，以一种新的策略完成人类基因组计划的全部测序，并对序列进行垄断。这一下，各国政府支持的基因组计划科学家们着了急，因为一旦塞莱拉公司得逞，他们的工作就全部功亏一篑。于是，在1999年5月的"冷泉港会议"上，他们也宣布加速测序速度，提前于2000年春天完成测序的工作草图。

形势对于中国来说，确实逼人。如果还不参加，恐怕就来不及了。

测序工作的加速，同时也就意味着专利之争的更趋激烈。人类大约有10多万个基因，到1999年，美国专利署的办公桌上，已经批准的基因有2430个，而正在申请的有3.2万个！这只不过是申请了100个以上专利的大公司的统计数据，申请了99个以下的专利的公司，还没能统计出来。而且，这一数字还在以每年增加10倍的速度疯长！

这是一个触目惊心的数据。照此下去，我们还有多少发展空间？难道，我们中国人就坐等外国人把基因全注册了，以后再花巨资去向人家买？到时卖不卖给我们，人家恐怕还不一定同意呢！

形势逼人，正应了我国的一句老话："老虎追瘸子，不跑也得跑"。

终于，中科院遗传所人类基因组中心（图159）（又称北方中心）于1998年8月11日开张。1999年2月决定开始大规模基因组测序，4月预运行，以创造加入"国际测序俱乐部"的条件。7月7日在国际人类基因组测序协作组登记，申请加入"国际测序俱乐部"。

1999年9月1日，"国际测序俱乐部"在英国伦敦举行"人类基因组测序战略第五次会议"。我国科学家正式提出了参与测序工作的要求。

报告会现场　　　　　李元元校长与杨焕明院士会谈

杨院士作报告　　　　朱敏副校长会见杨院士一行

图 159

由于事先作好了充分的准备，北京中心自豪地展示了自己的实力，用一些数据令人信服地证明，北京中心的关键设备运行情况与国际同行并驾齐驱，中心人员已掌握全部的技术关键与细节以及世界级中心的管理与运作。我国科学家保证，由中国科学院及其遗传所、中国中央政府及其他有关部门、地方政府及中国民众对这一项目提供财政支持，全额经费绝对能及时到位。

中国科学家的证明和保证，获得了国际学界的认同。下一步，就是商讨具体要承担的任务。经过讨论，原先已"包干"整个3号染色体的中心负责人明确表示欢迎中国加盟，并当场商定中国的"责任区域"，即3号染色体短臂从 D353610 至端粒的 30Mb 区域上 3000 万个碱基对的测序。

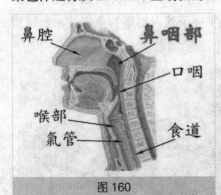

鼻腔　　　鼻咽部

口咽

喉部

气管　　　食道

图 160

中国之所以申请这个区域，是因为中国曾与国际上一些大学合作过一些与这条染色体相关的课题。国际组织也认为这个区域是有中国特色的一个保留区，比如与在中国广东发病率很高的鼻咽癌（图160）相关的基因，可能就在这个区域。因此，中国的申请得到了专家们的支持。据粗略估计，在这个含有 3000 万个碱基对的 DNA 片段中，可能有 750 到 1100 个基因，蕴藏着具大的开发资源。

就这样，中国成为继美、英、日、法、德之后第6个参与国际人类基因组计划的国家，也是唯一的发展中国家。由于国际上技术的进步和测序

解密生命密码

速度的加快，人类基因组计划国际组织曾在 1999 年 5 月决定，把人类基因组计划的完成时间再度提前，要求到 2000 年春天完成人类基因组 90%以上的测序工作，拿出"工作草图"。这就是说，几乎两手空空的中国人要在半年多的时间内，完成近乎法国和德国一半的人类基因组测序任务。时间太紧了，任务十分艰巨，中国能否与其他各国同步结束人类基因组计划的第一阶段工作？不少人都为此捏一把汗。

1999 年 10 月 1 日，中科院遗传所人类基因组中心开始了大规模的测序工作。他们一边进行人员培训，一边抓紧时间测序。这时中心只有 14 台测序仪，每台测序仪最多能同时对 96 个样品进行测序。机器少，科技工作者们只好延长作业时间，以求加快进度。

后来，中科院决定把"1%"的任务分解到国家人类基因组北方中心（北京中心）和南方中心（图 161）（上海），使我国的科学家们联手向完成国际人类基因组计划发起冲刺。由此，开始了南北合作，共同拼搏的过程。

尽管如此，有些西方国家还是对中国不放心，他们认为，中国在科技体制方面与西方不同，在人类基因组计划领域的观点也不尽一致，同时时间又这么紧，担心中国是否会拖他们的后腿。为此，1999 年 11 月美国又特意派人到中国查看情况。当调查组看到中国基因组研究的设备运行情况已达到国际先进水平，中国科学家已经掌握了基因测序的全部技术要领和细节之后，他们不能不对中国充满信心，表示满意。

图 161

中国的科学家们为兑现自己的承诺，夜以继日地工作。一周7天、每天24小时，"人歇机不停"。他们牺牲了娱乐，牺牲了假期，牺牲了与亲人团聚的机会，没有周末、没有元旦，也没有春节，甚至连工资都没有，有的只是实验室里的辛勤与汗水，以及随之而来的生命密码。

　　有趣的是，这里14台测序仪都被工作人员起了名字，如"元老号"、"科学号"、"产业号"等等，这些名字并不仅仅是为了便于给机器定位，每一个名字的背后都有一个故事："元老号"是第一台购进的测序仪（图162），它从1999年3月15日就开始工作；"产业号"则寄托着科学家们对未来产业化的美好向往……

　　2000年4月，中国基因组南北两个中心负责的1%项目工作框架图完成了。两个月后，参与"国际人类基因组计划"的美国、英国、日本、法国、德国和中国6国16个中心联合宣布，

图162

人类有史以来第一个基因组"工作框架图"已经绘制完成，这是人类历史上"值得载入史册的一天"。

　　2001年8月26日，国际人类基因组计划中国部分"完成图"提前2年绘制完成并通过验收。

　　那么，"1%项目"给我们国家带来了什么呢？

　　通过"1%项目"，我们已完全建立我国的基因组测序的强大实力，是保护、发展、利用我国丰富的生物资源的重要前提。由于参与了"人类基因组计划"，随着"1%项目"的完成，会进一步增进与国际同行之间的理解与信任。

　　"1%项目"为21世纪的我国生物产业带来了光明和希望。历史将证明"1%项目"在我国科技史上的意义。

　　我国的参与，改变了人类基因组研究的国际格局，改变了我国在国际科学界的形象，受到了国际同行的欢迎与称赞。我国可以分享国际人类基因组计划的全部成果与数据、资源与技术，以及有关事务的发言权，形成

解密生命密码

图 163

了接近世界水平的基因组研究实力。

在下一阶段，我国科学家将继续参与国际合作，列出完整的人类基因及其产物的清单、对调控区域进行大规模的研究与分析、分离人类单核苷酸多态性等。同时，分析中国人疾病相关基因及其多样性，测定对我国具有特殊意义的其他生物的基因组，如水稻（图 163）、家猪等，这些工作将对我国生命科学研究和生物产业的发展具有重大意义。

基因狂人

克雷格·文特尔是"国际人类基因组计划"实施过程中富有戏剧性的人物，争强好胜的个性和对人类基因组研究的非凡贡献，为他赢得了"基因狂人"的称号。实际上，文特尔在 3 年中干完了通常需要 15 年才能干完的活，令许多科学家"恼羞成怒"。

文特尔（图 164）出生在一个被逐出教门的摩门教家庭。他的童年并没有太多的阳光，因为父亲 59 岁就长别人世，抛下他和其他三个孩子与母亲相依为命。

文特尔在旧金山郊区的米尔布莱镇长大，高中毕业后，文特尔成为一

图 164

名士兵，被派往越南战场。战争令他深恶痛绝，他因此意识到生命的珍贵。残酷的战争和救治伤员的紧急行动，又使他认识到时间的宝贵，他明白了每一天的每一分钟都必须过得有意义。

越南战争成了文特尔一生中的一个转折点。回国后，他如饥似渴地学习知识，用6年时间读完了加利福尼亚大学的本科和研究生课程。毕业后，文特尔在布法罗的纽约国立大学做了一段时间的教师，然后又受聘到美国国家卫生研究院工作。在那里，他负责的具体工作是寻找并破译人类脑细胞中某种蛋白质所包含的基因密码。这种蛋白质的特点是，它能接受肾上腺素（图165）。

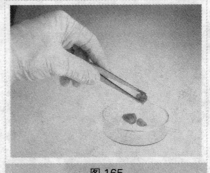

图 165

工作之中，文特尔觉得用通行的研究方法，工作进展太慢。但是他对自己的工作本身倒挺满意，因为他相信，在数以万计的人类基因中，与最常见的、影响人类生命健康的疾病有关的基因只不过几百个，而充当蛋白质构建蓝图的 DNA 链正是在细胞功能最活跃的部位，因此他决定集中精力研究这些活跃部位。

1986 年，文特尔听说有人发明了一种"读取"基因的机器，立刻乘飞机赶往加利福尼亚州的斯特市，见到了这种机器的发明人迈克尔·亨克彼勒。接着，他建议美国国家卫生研究院购买这种设备，但没有成功，于是文特尔决定自己出钱购买一台。这台机器果然很有用，大大加速了他的研究工作。到 1991 年发表第一篇论文时，他已经破译了人类基因组中的 10 万个碱基对，辨别出 347 个基因。技术熟练以后，他一天就找到了 25 个基因。

而当时的科学家们经过几年辛勤劳动，一共鉴定出的基因还不超过 2000 个。这使文特尔获得了不小的名气，并很快成为研究院研究分部的带头人。

和其他谦虚的科学家不同，文特尔特别喜欢举行新闻发布会，他的研究也全部向记者公开，来者不拒。虽然文特尔的独特性格让很多人不舒服，有的同事甚至称他为希特勒，但美国国家卫生研究院对文特尔的工作却非常满意。他们很高兴看到自己的人找到了基因这一丰富的宝藏，并急忙为文特尔所识别的基因申请专利。

但是，此举引起了激烈争论。当时美国从事国际人类基因组计划的科学家分为两部分，一部分在国家卫生研究院人类基因组研究中心，另一部分在国家能源部。这两部分人之间的关系本来就没有理顺，而这时又突然冒出一个文特尔，而且要对基因申请专利，自然引起了许多人的不满。

曾经因与人联合发现 DNA 双螺旋结构而获得诺贝尔奖的詹姆斯·沃

图 166

森（图 166），此时也参与了人类基因组计划并担任负责人，他与文特尔都在美国国家卫生研究院工作。沃森认为，文特尔的那种工作"实际上猴子也能做"。并且指出，想为这样被简化的遗传物质谋取专利是"十足的精神错乱"，它会使遗传学陷入法律争端而变得步履蹒跚。为此，文特尔与沃森展开了激烈的辩论，闹得很不开心。因此，尽管后来国家卫生研究院收回了申请专利的提议，但沃森已不愿再担任人类基因组计划的负责人，

文特尔也辞职不干，与他的妻子一起去了马里兰州的盖萨尔斯堡。在那里，他受到一位富有冒险精神的私人企业家聘请，担任其私人研究机构的负责人。文特尔把该研究机构命名为"基因组研究所"。这家私人机构尽可能地为他寻找基因提供了资助。

有了相对充足的长期的资金支持，文特尔终于可以按照自己的心愿工作了。在这段时间里，文特尔还得到了霍普金斯大学的诺贝尔奖获得者汉密尔顿·史密斯的帮助。

1994 年，史密斯提出与文特尔比赛，看谁找到的基因更多。那时，文特尔正在试验一种叫做"散弹射击"的测序技术，这种技术实质上就是把

DNA 置于一种特殊的化学试剂中，利用高频声波把纤维状分子扯碎成小片段，再在细菌中克隆这些中段，然后按照已成为基因图绘制标准程序的步骤，破开这些细菌，让它们的 DNA 从基因排序仪中通过。

这是一项非常棘手的试验，但史密斯还是劝文特尔试一试。他建议文特尔试验一下流感嗜血杆菌（图167）。这是一种可以引起耳朵感染和脑膜炎的细菌，它的基因组拥有更多的遗传密码。在史密斯的帮助下，文特尔很快赢得了成功，这是人类历史上第一次彻底摸清一个完整生物所包含的基因字母顺序。1995 年文特尔在《科学》杂志上发表了相关论文，成为激励研究工作者的里程碑。

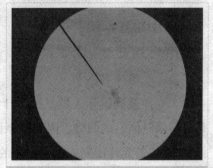

图 167

文特尔承认，整个基因组的散弹射击，将在被分割的 DNA 片段无法完全适配的基因顺序中留下间隙。不过他指出，传统排序也会留下漏洞，就像政府财政差额一样，可待以后把它填平。他说："假如有 5 万个漏洞，平均每个漏洞为 83 个字符（碱基），那么按照我们计划克隆和排列 DNA 的速度，我们一天就可以把它合拢。

但是，许多科学家认为，文特尔不可能完成这些 DNA 片段的重组工作。他们把一个基因组比作一本书，如果书页切成一行行的小字条，然后试着把这些小字条按原来的样子重新拼在一起而不出一点错误，几乎是根本不可能的，因为这部书的很大一部分，是由一连串几乎完全相同的上千个字符组成的词语连接而成的。

不管怎样，文特尔改进了读取基因序列的技术，提高了读取的速度。这项技术不仅被文特尔的美国同行们所采用，就连一直对文特尔不够重视的美国国家卫生研究院（图168）和能源部，最后也不得不承认文特尔的技术比他们确实更胜一筹。

1998 年，PE 公司与文特尔领导的基因研究所合作，成立了一家旨在利用最新的技术，在三年内快速完成人类基因组全部测序的新公司——塞

图 168

莱拉遗传信息公司。"塞莱拉"这个名字来源于拉丁文，是"快捷"的意思，由此可见文特尔在基因组研究方面只争朝夕的决心。

公司一成立，文特尔就放风说，他领导的塞莱拉公司只需用3年时间、2亿美元、不用纳税人的钱，就可以完成人类基因组的全部研究工作。此言一出，立即遭到国际人类基因组计划的科学家们的强烈不满，他们认为这是文特尔对他们的侮辱，因为按原计划，人类基因组计划需要15年时间、耗资30亿美元才能完成，文特尔的话暗指他们愚蠢无能。

不知出于什么动机，文特尔曾建议英国伦敦的威勒姆基金会去专攻老鼠的基因组（图169）密码，把真正困难的工作（人类基因组）留给自己的塞莱拉公司来做。威勒姆基金会是英国政府花钱资助的国际人类基因组计划的参与机构之一。文特尔的话激起了威勒姆基金会的负责人迈克尔·摩根的满腔怒火，摩根直言不讳地说："作为一家公司，妄想仅靠自己的力量就能解开基因之谜，实在是痴人说梦。"

文特尔领导的塞莱拉公司意欲为重要基因申请专利的想法，同样受到了参加人类基因组计划的科学家的反对。他们坚持认为，人类基因组是人类的共同财富，此项研究是一项公益事业，而塞莱拉公司只不过是为了自家的利益，为了金钱和利润，还口口声声说什么不要纳税人的钱，真是无耻。

图 169

就这样，公私两大研究组织争得不可开交。但是，随着官方的调停和国际人类基因组计划的顺利进展，2000年5月7日他们开始了几次友好的谈判，摒弃前嫌，携手合作，最终为人类早日告别疾病、获得新生作出了自己的努力。